T0147063

essentials

Essentials liefern aktuelles Wissen in konzentrierter Form. Die Essenz dessen, worauf es als „State-of-the-Art" in der gegenwärtigen Fachdiskussion oder in der Praxis ankommt. Essentials informieren schnell, unkompliziert und verständlich

- als Einführung in ein aktuelles Thema aus Ihrem Fachgebiet
- als Einstieg in ein für Sie noch unbekanntes Themenfeld
- als Einblick, um zum Thema mitreden zu können

Die Bücher in elektronischer und gedruckter Form bringen das Expertenwissen von Springer-Fachautoren kompakt zur Darstellung. Sie sind besonders für die Nutzung als eBook auf Tablet-PCs, eBook-Readern und Smartphones geeignet.

Essentials: Wissensbausteine aus den Wirtschafts, Sozial- und Geisteswissenschaften, aus Technik und Naturwissenschaften sowie aus Medizin, Psychologie und Gesundheitsberufen. Von renommierten Autoren aller Springer-Verlagsmarken.

Hermann Sicius

Erdalkalimetalle: Elemente der zweiten Hauptgruppe

Eine Reise durch das Periodensystem

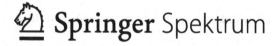

Hermann Sicius
Dormagen
Nordrhein-Westfalen
Deutschland

ISSN 2197-6708   ISSN 2197-6716 (electronic)
essentials
ISBN 978-3-658-11877-8   ISBN 978-3-658-11878-5 (eBook)
DOI 10.1007/978-3-658-11878-5

Die Deutsche Nationalbibliothek verzeichnet diese Publikation in der Deutschen Nationalbiblio-
grafie; detaillierte bibliografische Daten sind im Internet über http://dnb.d-nb.de abrufbar.

Springer Spektrum
© Springer Fachmedien Wiesbaden 2016

Gedruckt auf säurefreiem und chlorfrei gebleichtem Papier

Springer Fachmedien Wiesbaden ist Teil der Fachverlagsgruppe Springer Science+Business Media
(www.springer.com)

Dieses Buch ist gewidmet
Susanne Petra Sicius-Hahn
Elisa Johanna Hahn
Fabian Philipp Hahn
Dr. Gisela Sicius-Abel

Was Sie in diesem Essential finden können

- Eine umfassende Beschreibung von Herstellung, Eigenschaften und Verbindungen der Elemente der zweiten Hauptgruppe
- Aktuelle und zukünftige Anwendungen
- Ausführliche Charakterisierung der einzelnen Elemente

Inhaltsverzeichnis

1 Einleitung 1

2 Vorkommen 3

3 Herstellung 5

4 Eigenschaften 7
  4.1 Physikalische Eigenschaften 7
  4.2 Chemische Eigenschaften 8

5 Einzeldarstellungen 9
  5.1 Beryllium 9
  5.2 Magnesium 17
  5.3 Calcium 27
  5.4 Strontium 36
  5.5 Barium 43
  5.6 Radium 48

Literatur 51

Einleitung

1

Willkommen bei den Elementen der zweiten Hauptgruppe (Erdalkalimetalle). Sie enthält ausnahmslos Metalle, wobei das erste Element Beryllium schon zu Aluminium in der dritten Hauptgruppe überleitet. Auch Magnesium zeigt noch nicht alle typischen Eigenschaften dieser Gruppe von Elementen, in der sich die Metalle von Calcium bis Radium mit Wasser heftig umsetzen und starke Basen bilden. Die Atome dieser Elemente geben immer zwei Elektronen ab, um eine stabile Elektronenkonfiguration zu erreichen.

Chemische Verbindungen von Erdalkalimetallen wie Magnesium und Calcium kommen zwar in riesigen Mengen in der Natur vor, aber erst Davy konnte vor gut 200 Jahren Calcium, Strontium und Barium darstellen. Auch Beryllium und Magnesium sind in elementarer Form seit etwa derselben Zeit bekannt, und die bahnbrechenden Arbeiten des Ehepaars Curie Ende des 19. Jahrhunderts zur Entdeckung des Radiums öffneten uns das Tor zu einer völlig neuen Welt, der Chemie der radioaktiven Elemente, die ich in einem meiner Essentials (Sicius: „Radioaktive Elemente: Actinoide", 2015) bereits beschrieben habe.

Elemente werden eingeteilt in Metalle (z. B. Natrium, Calcium, Eisen, Zink), Halbmetalle wie Arsen, Selen, Tellur sowie Nichtmetalle wie beispielsweise Sauerstoff, Chlor, Jod oder Neon. Die meisten Elemente können sich untereinander verbinden und bilden chemische Verbindungen; so wird z. B. aus Natrium und Chlor die chemische Verbindung Natriumchlorid, also Kochsalz).

Einschließlich der natürlich vorkommenden sowie der bis in die jüngste Zeit hinein künstlich erzeugten Elemente nimmt das aktuelle Periodensystem der Elemente (Abb. 1.1) bis zu 118 Elemente auf, von denen zurzeit noch vier Positionen nicht namentlich besetzt sind. Die Elemente der Gruppe der Erdalkalimetalle finden Sie in der Gruppe H 2.

© Springer Fachmedien Wiesbaden 2016
H. Sicius, *Erdalkalimetalle: Elemente der zweiten Hauptgruppe*, essentials,
DOI 10.1007/978-3-658-11878-5_1

H 1	H 2	N 3	N 4	N 5	N 6	N 7	N 8	N 9	N10	N 1	N 2	H 3	H 4	H 5	H 6	H 7	H 8
1 H																	2 He
3 Li	4 Be											5 B	6 C	7 N	8 O	9 F	10 Ne
11 Na	12 Mg											13 Al	14 Si	15 P	16 S	17 Cl	18 Ar
19 K	20 Ca	21 Sc	22 Ti	23 V	24 Cr	25 Mn	26 Fe	27 Co	28 Ni	29 Cu	30 Zn	31 Ga	32 Ge	33 As	34 Se	35 Br	36 Kr
37 Rb	38 Sr	39 Y	40 Zr	41 Nb	42 Mo	43 Tc	44 Ru	45 Rh	46 Pd	47 Ag	48 Cd	49 In	50 Sn	51 Sb	52 Te	53 I	54 Xe
55 Cs	56 Ba	57 La	72 Hf	73 Ta	74 W	75 Re	76 Os	77 Ir	78 Pt	79 Au	80 Hg	81 Tl	82 Pb	83 Bi	84 Po	85 At	86 Rn
87 Fr	88 Ra	89 Ac	104 Rf	105 Db	106 Sg	107 Bh	108 Hs	109 Mt	110 Ds	111 Rg	112 Cn	113 Uut	114 Fl	115 Uup	116 Lv	117 Uus	118 Uuo

Ln >	58 Ce	59 Pr	60 Nd	61 Pm	62 Sm	63 Eu	64 Gd	65 Tb	66 Dy	67 Ho	68 Er	69 Tm	70 Yb	71 Lu
An >	90 Th	91 Pa	92 U	93 Np	94 Pu	95 Am	96 Cm	97 Bk	98 Cf	99 Es	100 Fm	101 Md	102 No	103 Lr

Radioaktive Elemente   *Halbmetalle*

H: Hauptgruppen   N: Nebengruppen

Abb. 1.1 Periodensystem der Elemente

Die Einzeldarstellungen der insgesamt sechs Vertreter der Gruppe der Erdalkalimetalle enthalten dabei alle wichtigen Informationen über das jeweilige Element, so dass hier eine eher kurze Einleitung folgt.

Vorkommen

2

Magnesium bzw. Calcium sind mit 1,9 % bzw. 3,4 % am Aufbau der Erdhülle be-
teiligt und gehören damit zu den häufigsten Elementen. Auch Barium rangiert mit
einem Anteil von 0,35 % immerhin auf Platz 14 der Rangliste der häufigsten Elemente. Die Vorkommen von Strontium und Beryllium sind dagegen wesentlich
seltener, und Radium kommt als Zwischenprodukt radioaktiver Zerfallsreihen bei
einer zugleich eigenen kurzen Halbwertszeit von etwa 1600 Jahren nur in geringsten Spuren vor. (Das zur Zeit der germanischen Völkerwanderung vorhandene
Radium ist also schon zur Hälfte zerfallen, und glücklicherweise steht wesentlich mehr Uran zur Verfügung, um diesen Verlust durch radioaktiven Zerfall zum
Radium hin, auch wenn dieser langsamer abläuft, auszugleichen.)

Magnesium- und Calciumcarbonat sind Grundstock vieler Gebirge, darüber hinaus kommt Calcium in den Knochen eines Menschen in einer Menge von etwa
1 kg vor. Große Mengen an Magnesiumsalzen finden sich in Meerwasser. Barium
bildet in Form seines Sulfats große Lagerstätten von Schwerspat aus. Strontium
erscheint in der Natur ebenfalls als Sulfat, aber in deutlich geringerer Häufigkeit.
Beryllium tritt nur in Gestalt einiger Mineralien („Beryll") auf. Radium ist in der
uranhaltigen Pechblende nur mit einem Anteil, bezogen auf den Urangehalt, von
1:3 Mio. enthalten.

© Springer Fachmedien Wiesbaden 2016
H. Sicius, *Erdalkalimetalle: Elemente der zweiten Hauptgruppe,* essentials,
DOI 10.1007/978-3-658-11878-5_2

Herstellung

3

Zur Herstellung der reinen Metalle stehen mehrere Möglichkeiten offen. Entweder man reduziert wie im Falle des Strontiums und Bariums die natürlich vorkommenden Sulfate zu den Sulfiden und hydrolysiert diese mit Kohlensäure zu den jeweiligen Carbonaten. Jene glüht man zu den Oxiden, die dann mit Aluminium zu Strontium- bzw. Bariummetall umgesetzt werden. Calcium stellt man meist durch Reduktion des Oxids mit Aluminium her, Magnesium durch Umsetzung von Magnesiumoxid mit Eisen bei Temperaturen von jeweils über 1000 °C. Beryllium produziert man heute technisch durch Reduktion von Berylliumfluorid (BeF_2) mit Magnesium oder auch mittels Schmelzflusselektrolyse von Berylliumchlorid ($BeCl_2$).

© Springer Fachmedien Wiesbaden 2016
H. Sicius, *Erdalkalimetalle: Elemente der zweiten Hauptgruppe,* essentials,
DOI 10.1007/978-3-658-11878-5_3

Eigenschaften

4

4.1 Physikalische Eigenschaften

Mit zunehmender Ordnungszahl wachsen auch bei den Erdalkalimetallen Atommasse, Atomradius und Ionenradius, wogegen die durchschnittlichen Ionisierungsenergien und auch Elektronegativitäten (von 1,5 auf 0,9) fortlaufend sinken. Die geringste Dichte hat Calcium mit 1,55 g/cm³. Hiervon ausgehend steigt die Dichte nach oben leicht und nach unten hin stark an, wobei Radium mit 5,5 g/cm³ die höchste Dichte besitzt und so ein Schwermetall ist.

Die Mohshärte des Berylliums mit 5,5 charakterisiert einen bereits ziemlich harten Stoff. Seine höheren Homologen vom Magnesium an sind wesentlich weicher, wobei die Härten dann noch mit steigender Ordnungszahl abnehmen. Radium ist bereits sehr weich.

Die ersten drei Erdalkalimetalle, Beryllium, Magnesium und Calcium, leiten den elektrischen Strom sehr gut. Dagegen fallen Strontium, Barium und Radium deutlich ab, wobei aber auch sie eine noch sehr gute elektrische Leitfähigkeit aufweisen.

Das erste Element der Gruppe, Beryllium, hat erstaunlicherweise den jeweils höchsten Schmelz- bzw. Siedepunkt (1278 bzw. 2969 °C), verhält sich damit aber nicht anders als sein Nachbarelement der dritten Hauptgruppe, Bor, mit dem es einige Ähnlichkeiten aufweist. Magnesium fällt mit einem Schmelzpunkt von 650 °C und einem Siedepunkt von 1110 °C stark ab. Die Schmelzpunkte der anderen Erdalkalimetalle liegen in der Größenordnung von 700–800 °C und die Siedepunkte der Metalle von Calcium bis Radium zwischen ungefähr 1400 und 1700 °C.

© Springer Fachmedien Wiesbaden 2016
H. Sicius, *Erdalkalimetalle: Elemente der zweiten Hauptgruppe,* essentials,
DOI 10.1007/978-3-658-11878-5_4

4.2 Chemische Eigenschaften

Die typischen Reaktionen der Erdalkalimetalle sind in den nachfolgenden Gleichungen wiedergegeben, wobei M für das jeweilige Metall steht. Die Reaktionsfähigkeit der Erdalkalimetalle steigt mit ihrer Ordnungszahl

$$\text{Oxidation:}\quad 2M + O_2 \rightarrow 2MO \tag{4.1}$$

Beryllium überzieht sich bei Raumtemperatur an trockener Luft mit einer schützenden Oxidschicht und ist beständig. Magnesium zeigt dieses Verhalten zwar ebenfalls noch, jedoch lassen sich gewalzte Bänder und Folien leicht entzünden. Calcium, Strontium, Barium und Radium laufen an trockener Luft schnell matt an; namentlich die schwereren Vertreter dieser Gruppe sind leicht entzündlich und können sich, falls sie fein verteilt sind, auch selbst entzünden.

$$\text{Hydrierung:}\quad M + H_2 \rightarrow MH_2 \tag{4.2}$$

Ohne Anwesenheit eines Katalysators reagiert Beryllium nicht mit Wasserstoff. Magnesium setzt sich nur unter Anwendung hohen Drucks zu seinem Hydrid um. Die „echten" Erdalkalimetalle von Calcium bis Radium reagieren bereits unter Normaldruck. Die so gebildeten Hydride besitzen ein Ionengitter.

$$\text{Reaktion mit Wasser:}\quad M + 2H_2O \rightarrow M(OH)_2 + H_2 \tag{4.3}$$

Beryllium wird wie Aluminium in Wasser passiviert und reagiert nicht. (Dies ist eines der Beispiele für die Schrägbeziehungen im Periodensystem, nach der das Kopfelement einer Hauptgruppe zum zweiten der darauf folgenden überleitet.) Magnesium wird ebenfalls noch passiviert; es bildet sich eine schützende Schicht aus Magnesiumoxid. Diese löst sich aber in heißem Wasser, so dass dann das Metall dem Angriff des Wassers ausgesetzt ist und sich zügig unter Bildung von Magnesiumhydroxid auflöst. Von Calcium an regieren die Erdalkalimetalle schon bei Raumtemperatur lebhaft mit Wasser unter Bildung von Wasserstoff und des Metallhydroxids.

$$\text{Reaktion mit Halogen:}\quad M + X_2 \rightarrow MX_2 \ (X = F, Cl, Br, I, At) \tag{4.4}$$

$$\text{Reaktion mit Schwefel}\quad M + S \rightarrow MS \tag{4.5}$$

Für beide Reaktionstypen gilt, dass die Metalle Calcium bis Radium wesentlich heftiger reagieren als Magnesium oder gar Beryllium.

Einzeldarstellungen

5

Im folgenden Teil sind die Elemente der Gruppe der Erdalkalimetalle (2. Hauptgruppe) jeweils einzeln mit ihren wichtigen Eigenschaften, Herstellungsverfahren und Anwendungen beschrieben.

5.1 Beryllium

Symbol	Be		
Ordnungszahl	4		
CAS-Nr.	7440-41-7		
Aussehen	Grauweiß, metallisch	Beryllium, Pulver (Sicius 2015)	Beryllium, Stück (Hi-Res Images of Chemical Elements 2010)
Entdecker, Jahr	Wöhler (Deutschland), Bussy (Frankreich), 1828 Lebeau (Frankreich), 1898		
Wichtige Isotope [natürliches Vorkommen (%)]	Halbwertszeit	Zerfallsart, -produkt	
$^{7}_{4}$Be (Spuren)	53,12 d	$\alpha > ^{7}_{3}$Li	
$^{9}_{4}$Be (100)	Stabil	----	
$^{10}_{4}$Be (Spuren)	$1{,}51 * 10^{6}$ a	$\beta^{-} > ^{10}_{5}$B	
Massenanteil in der Erdhülle (ppm)	5,3		
Atommasse (u)	9,012		
Elektronegativität (Pauling ♦ Allred&Rochow ♦ Mulliken)	1,57 ♦ K. A. ♦ K. A.		
Normalpotential für: $Be^{2+} + 2\,e^{-} \rightarrow$ Be (V)	$-1{,}85$		
Atomradius (pm)	105		

© Springer Fachmedien Wiesbaden 2016
H. Sicius, *Erdalkalimetalle: Elemente der zweiten Hauptgruppe*, essentials,
DOI 10.1007/978-3-658-11878-5_5

Van der Waals-Radius (berechnet, pm)	153
Kovalenter Radius (pm)	96
Ionenradius (Be^{2+}, pm)	31
Elektronenkonfiguration	[He] $2s^2$
Ionisierungsenergie (kJ/mol), erste ♦ zweite	900 ♦ 1757
Magnetische Volumensuszeptibilität	$-2,3 \cdot 10^{-5}$
Magnetismus	Diamagnetisch
Kristallsystem	Hexagonal dichtest
Elektrische Leitfähigkeit ([A/V · m)], bei 300 K)	$2,5 \cdot 10^7$
Elastizitäts- ♦ Kompressions- ♦ Schermodul (GPa)	287 ♦ 130 ♦ 132
Vickers-Härte ♦ Brinell-Härte (MPa)	1670 ♦ 590–1320
Mohs-Härte	5,5
Schallgeschwindigkeit (m/s, bei 300,15 K)	13.000
Dichte (g/cm³, bei 273,15 K)	1,848
Molares Volumen (m³/mol, im festen Zustand)	$4,85 \cdot 10^{-6}$
Wärmeleitfähigkeit ([W/(m · K)])	190
Spezifische Wärme ([J/(mol · K)])	16,443
Schmelzpunkt (°C ♦ K)	1287 ♦ 1560
Schmelzwärme (kJ/mol)	7,95
Siedepunkt (°C ♦ K)	2969 ♦ 3243
Verdampfungswärme (kJ/mol)	309

Vorkommen Beryllium ist nach Radium das mit Abstand seltenste Erdalkalimetall und besitzt einen Anteil an der Erdhülle von gerade einmal 5 ppm. Es kommt in etwa dreißig Mineralien vor, unter denen Bertrandit (4 BeO · 2 SiO_2 · H_2O) (Vereinigte Staaten) und Beryll ($Be_3Al_2(SiO_3)_6$) (Volksrepublik China, Russland und Brasilien) die wichtigsten sind. Einige Lagerstätten finden sich noch in Gebieten rund um den Äquator. Beryllium ist auch in den Edelsteinen (eigentlich nur Varietäten des Beryll) Aquamarin [$Be_3Al_2(Si_6O_{18}$) mit Beimengung von Fe^{2+} und Fe^{3+}], Smaragd [$Be_3Al_2(Si_6O_{18})$], Roter Beryll [$Be_3Al_2(Si_6O_{18})$ mit Beimengung von Mn^{2+}], Euklas (BeAl[OH|SiO_4]), Gadolinit, Chrysoberyll (BeAl$_2O_4$), Phenakit und Alexandrit (beide ($Be_2[SiO_4]$)) enthalten. Die früheren Vorkommen in Österreich sind mittlerweile erschöpfend abgebaut. In Nordamerika (Nevada) befinden sich Minen, in denen auch Beryllium abgebaut und angereichert wird, jedoch ist der Gehalt an diesem Element ziemlich niedrig. Weltweit schätzt man die Vorräte an förderbarem Beryllium auf ca. 380.000 t (Walsh 2009).

Gewinnung 1798 konnte Vauquelin als Erster Berylliumoxid (BeO) aus den Edelsteinen Beryll und Smaragd isolieren. Klaproth stellte ebenfalls dieses Oxid her, dem er den Namen Beryllium gab (Hosenfeld 1930). Drei Jahrzehnte später stellten Wöhler und Bussy Beryllium durch Reduktion seines Chlorids mit Kaliummetall her, allerdings immer noch in unreiner Form. Erst Ende des 19. Jahrhunderts, im Jahre 1899, gelang Lebeau die Reindarstellung durch Schmelzflusselektrolyse von Natriumtetrafluoroberyllat ($Na_2[BeF_4]$).

Beryllium stellt man heute technisch durch Reduktion von Berylliumfluorid (BeF_2) mit Magnesium oder – seltener – durch Schmelzflusselektrolyse von Berylliumchlorid ($BeCl_2$) her. Das Ausgangsmaterial ist meist Beryll, den man durch Sintern mit einem Aufschlussmittel oder durch direktes Schmelzen zunächst in Berylliumhydroxid überführt.

Eigenschaften Beryllium ist das Kopfelement der zweiten Hauptgruppe, die unter dem Namen Erdalkalimetalle zusammengefasst werden, weicht aber in seinen chemischen und physikalischen Eigenschaften teils stark von diesen ab und leitet zum Aluminium über, dem im Periodensystem rechts unter ihm stehenden, zweiten Element der 3. Hauptgruppe (Schrägbeziehung). Das graue, harte und spröde Leichtmetall hat eine höhere Dichte sowie auch deutlich höhere Schmelz- und Siedepunkte als seine höheren Homologen Magnesium und Calcium. Sein Name leitet sich vom Edelstein Beryll ab.

Für ein Leichtmetall hat es neben dem relativ hohen Schmelz- und Siedepunkt noch einige andere bemerkenswerte Eigenschaften. So zeigt es eine relativ hohe spezifische Wärmekapazität [1,825 kJ/(kg · K)], darüber hinaus liegen sein Elastizitätsmodul und seine Schwingungsdämpfung bei ziemlich hohen Werten. Seine bei horizontal erfolgendem Zug ausgebildete vertikale Querkontraktion liegt wesentlich niedriger als bei anderen Metallen (Ogden 1984). Beryllium ist für Röntgen- und γ-Strahlen sehr durchlässig, da seine Elektronenhülle nur vier Elektronen aufweist, die eventuell abschirmend wirken könnten.

An trockener Luft ist es bei Raumtemperatur beständig, da sich, wie beim Aluminium, eine schützende Oxidschicht auf der Oberfläche des Metalls bildet. Diese schützt Beryllium sogar vor dem Angriff konzentrierter Salpetersäure. Gegenüber nichtoxidierenden Säuren wie z. B. Salzsäure ist es aber nicht stabil und wird schnell aufgelöst. An feuchter Luft bildet sich auf seiner Oberfläche das Hydroxid [$Be(OH)_2$]; die Korrosion des Metalls erfolgt vor allem bei höheren Temperaturen schneller. Gegenüber Luft, Sauerstoff sowie Stickstoff ist Beryllium dagegen bis zu hohen Temperaturen beständig.

In Alkalilaugen löst sich Beryllium unter Bildung des jeweiligen Beryllats ($[Be(OH)_4]^{2-}$), analog zum Aluminium (Aluminat), und zeigt damit seinen amphoteren Charakter, der deutlich von dem der anderen Erdalkalimetalle abweicht, deren Hydroxide teils stark basisch reagieren.

Beryllium besitzt mit ^9_4Be nur ein stabiles Isotop, auf dem das natürlich vorkommende Element auch praktisch ausschließlich zusammengesetzt ist. Die radioaktiven Isotope ^7_4Be und $^{10}_4Be$ kommen im Weltall vor und sind in geringsten Spuren auch auf der Erde vorhanden.

Wegen seiner vergleichsweise langen Halbwertszeit von $1,51 * 10^6$ a dient das Isotop $^{10}_4$Be in der Geologie zur Bestimmung der Zeit, an dem zurückweichende Gletscher das betreffende Gestein offengelegt haben könnten (Finkel und Suter 1993), da die an einem Ort vorhandene Konzentration dieses Isotops von der auf die Erde treffenden kosmischen Strahlung abhängig ist. Jene korreliert direkt mit der Stärke des irdischen Magnetfeldes und der Strahlungsaktivität der Sonne (Gassmann 1994; Pott 2005). Das Isotop $^{10}_4$Be wird zudem mit anderen gasförmigen Elementen in Eis eingeschlossen; somit ist es möglich, aus Eisbohrungen den Zusammenhang zwischen Sonnenaktivität und der in der Vergangenheit herrschenden Temperatur aufzuzeigen (Curran et al. 2011).

Verbindungen
Verbindungen mit Wasserstoff/Organische Verbindungen Berylliumhydrid (BeH$_2$) ist aus den Elementen nicht darstellbar (Walsh 2009, S. 121), sondern nur durch Reaktion einer organischen Berylliumverbindung mit einem hydridischen Reduktionsmittel, wie beispielsweise Lithiumaluminiumhydrid (LiAlH$_4$) (Bamford und Tipper 1980) oder Diboran in Diethylether (Brauer 1975, S. 890). Das sich bei der Umsetzung bildende Berylliumhydrid ist in Ether unlöslich und fällt daher aus der Lösung aus:

$$2\ Be(CH_3)_2 + LiAlH_4 \rightarrow 2\ BeH_2 + LiAl(CH_3)_4$$

Das Erhitzen von Bis(tert.butyl)beryllium auf Temperaturen von $> 200\,°C$ ergibt ebenfalls Berylliumhydrid:

$$Be(C_4H_9)_2 \rightarrow BeH_2 + 2\ H_2C = C(CH_3)_2$$

Berylliumhydrid ist ein weißer, nichtflüchtiger, polymerer Feststoff der sehr geringen Dichte von 0,65 g/cm^3 (!), der sich beim Erwärmen auf 250 °C zu den Elementen zersetzt (Perry und Phillips 1995). Im Molekül der Verbindung liegen tetraedrisch von vier Wasserstoff- umgebene Berylliumatome vor, so dass auch diese Struktur Dreizentrenbindungen, ähnlich wie bei Aluminiumhydrid und auch bei den Molekülen der Borane, zeigt. Die Verbindung ist empfindlich gegenüber Feuchtigkeit und Luftsauerstoff. Mit Wasser hydrolysiert sie schnell zu Berylliumhydroxid und Wasserstoff:

$$BeH_2 + 2\ H_2O \rightarrow Be(OH)_2 + 2\ H_2$$

Verbindungen mit Halogenen Berylliumfluorid (BeF$_2$) ist ein weißer Feststoff vom Schmelzpunkt 555 °C, der durch Reaktion aus den Elementen oder durch

Auflösen von Beryllium in Flusssäure dargestellt werden kann. Eleganter und in reinerem Zustand erhält man es durch Erhitzen von Ammoniumtetrafluoroberyllat $[(NH_4)_2BeF_4]$, das seinerseits durch Umsetzung von Berylliumoxid mit Ammoniumfluorid bei sehr hoher Temperatur (900 °C) erhältlich ist (Brauer 1963, S. 231):

$$(NH_4)_2 BeF_4 \rightarrow BeF_2 + 2\,NH_4F$$

Berylliumfluorid besitzt im Festkörper ebenfalls eine polymere, dem Quarzgitter ähnliche Struktur mit stark kovalenten Bindungsanteilen. Wie beim Hydrid ist jedes Berylliumatom im Sinne einer Elektronenmangelverbindung tetraedrisch von vier Fluoratomen umgeben, so dass jedes Fluoratom über π-Bindungen zwei Berylliumatome miteinander verbrückt. Der Elektronenmangel-Charakter macht nicht nur BeF_2, sondern alle Berylliumhalogenide automatisch zu Lewis-Säuren. Nur in der Gasphase liegen isolierte, lineare BeF_2-Moleküle vor. Auch hier zeigt sich die oft zitierte Schrägbeziehung zum Aluminium, da sich Aluminiumfluorid ähnlich verhält (Holleman et al. 1995, S. 1108). Berylliumfluorid dient als Ausgangsstoff zur Herstellung von reinem Beryllium, das man durch Reduktion von Berylliumfluorid mit Magnesium bei 1300 °C erhält (Holleman et al. 2007, S. 1216):

$$BeF_2 + Mg \rightarrow Be + MgF_2$$

Man verwendet es außerdem zur Herstellung von Gläsern (Hülsenberg 2009) und in der Reaktortechnik. Berylliumfluorid ist wie alle Berylliumverbindungen hochgiftig und wird als krebserregend eingestuft.

Berylliumchlorid (BeCl₂) ist ein farbloser, kristalliner, süßlich schmeckender Feststoff, der bei 405 °C schmilzt und technisch aus Berylliumoxid, Kohlenstoff und Chlor bei Temperaturen um 800 °C hergestellt wird:

$$BeO + C + Cl_2 \rightarrow BeCl_2 + CO$$

Die Be–Cl-Bindung hat stark kovalenten Charakter, weshalb Berylliumchlorid kein Ionengitter ausbildet wie das homologe Magnesiumchlorid. Vielmehr ist sein Molekül ein kettenförmiges Polymer, in der jedes Berylliumatom tetraedrisch von vier Chloratomen umgeben ist. Oberhalb des Siedepunktes von 482 °C liegen mono- und dimere $BeCl_2$-Einheiten vor. Die Verbindung wird durch Wasser unter starker Wärmefreisetzung zu Berylliumhydroxid und Chlorwasserstoff zersetzt. Sie ist wie Aluminiumchlorid eine Lewis-Säure, löst sich wie jenes in Alkoholen oder Ethern und ist so als Katalysator in Friedel-Crafts-Alkylierungen einsetzbar.

Berylliumbromid (BeBr₂) wird üblicherweise durch Reaktion von Brom mit Berylliumoxid und Kohle bei 1100 bis 1200 °C hergestellt (Walsh 2009); alternativ ist auch die Umsetzung von Berylliumoxid mit Bromwasserstoff möglich (Parsons 1909). Es ist ein sehr hygroskopisches, weißes Pulver, das bei einer Temperatur von 507 °C schmilzt.

Verbindungen mit Chalkogenen Berylliumoxid (BeO) ist ein hochschmelzender (2575 °C) Feststoff, der sehr hart, durchschlagsfest und wärmeleitend ist. Zudem wirkt BeO als elektrischer Isolator. Bevorzugte Anwendungen sind daher keramische Bauteile wie Schutzrohre für Thermoelemente, Schmelztiegel, Zündkerze und stark wärmeabsorbierende Ummantelungen von Halbleitern. Ein im Verhältnis 1:1 gezüchteter, aus BeO und Al_2O_3 bestehender und mit Chromatomen dotierter Mischkristall ist Basis des Festkörperlasers Alexandrit, der im Wellenlängenbereich des roten Lichtes (755 nm) emittiert und für medizinische Zwecke eingesetzt wird (Maushagen et al. 2002).

Vor allem durch konzentrierte Säuren wird es angegriffen und aufgelöst. Wegen seiner Giftigkeit ist seine Verarbeitung und Anwendung seit langem strengen Kontrollen unterzogen.

Berylliumsulfid (BeS) stellt man aus den Elementen bei hoher Temperatur (1150 °C) oder aber durch Reaktion von Berylliumoxid mit Kohlenstoffdisulfid her (Brauer 1975, S. 894):

$$Be + S \rightarrow BeS \qquad 2\,BeO + CS_2 \rightarrow 2\,BeS + CO_2$$

Es ist ein graues bis weißes Pulver, das an feuchter Luft und unter Freisetzung von Schwefelwasserstoff hydrolysiert. Mit Säuren und Kohlendioxid setzt es sich zügig um (Walsh 2009). Berylliumsulfid ist ein II-VI-Halbleiter mit einer indirekten Bandlücke von 4,7 eV (Ropp 2012).

Berylliumselenid (BeSe) ist erhältlich durch Umsetzung von Beryllium mit Selen unter reduktiven Bedingungen (Wasserstoff-Atmosphäre) bei 1100 °C (Brauer 1975, S. 896). Es ist eine graue kristalline Masse, die sich mit Wasser langsam zu Berylliumhydroxid und hochgiftigem Selenwasserstoff zersetzt. Auch Berylliumselenid ist ein II-VI-Halbleiter (Gust 2012), ebenso wie *Berylliumtellurid (BeTe)*, dessen Bandlücke bei „nur noch" 2,8 eV liegt (Pearton 2001) und das durch Reaktion von Beryllium mit Tellur bei 1100 °C ebenfalls im Wasserstoffstrom gewonnen wird:

$$Be + Se \rightarrow BeSe \qquad Be + Te \rightarrow BeTe$$

Weitere Verbindungen Berylliumcarbid (Be$_2$C) entsteht beim Erhitzen einer Mischung der Elemente im stöchiometrischen Verhältnis auf ca. 1000 °C (Eq. 5.1) oder aber Berylliumoxid und Kohle (Eq. 5.2). Es liegt in Form gelbroter Kristalle vor, die sich oberhalb einer Temperatur von 2100 °C zersetzten. Mit Wasser reagiert es bereits bei Raumtemperatur langsam zu Methan und Berylliumhydroxid (Eq. 5.3):

$$2\,Be + C \rightarrow Be_2C \qquad\qquad\qquad (5.1)$$

$$2\,BeO + C \rightarrow Be_2C + O_2 \qquad\qquad\qquad (5.2)$$

$$Be_2C + 4H_2O \rightarrow 2Be(OH)_2 + CH_4 \qquad\qquad\qquad (5.3)$$

Berylliumnitrid (Be$_3$N$_2$) ist ein weißgraues, hochschmelzendes (2200 °C, Zersetzung) Pulver, das man durch Reaktion von Beryllium mit Ammoniak bei 1100 °C erzeugt (Perry 2011, Eq. 5.4). Analog kann man es durch Überleiten von Stickstoff über geschmolzenes Beryllium darstellen (Ropp 2012, Eq. 5.5):

$$3\,Be + 2\,NH_3 \rightarrow Be_2N_3 + 3\,H_2 \qquad\qquad\qquad (5.4)$$

$$3\,Be + N_2 \rightarrow Be_3N_2 \qquad\qquad\qquad (5.5)$$

Berylliumnitrid ist ein weißer bis grauer Feststoff, der sich in Wasser langsam, in Säuren und Basen schnell unter Abgabe von Ammoniak zersetzt und bei Temperaturen oberhalb von 600 °C an der Luft oxidiert (Perry 2011, S. 64). Es wird zur Herstellung feuerfester Keramik verwendet. Die beiden Kristallmodifikationen der Verbindung (Umwandlungstemperatur: 1450 °C) wurden eingehend hinsichtlich ihrer Kristallstruktur untersucht (Reckeweg et al. 2003; Wriedt und Okamoto 1987).

Anwendungen Beryllium besitzt einige aus technischer Sicht hervorragende Eigenschaften, jedoch wird es wegen seiner Seltenheit und Giftigkeit in nur geringem Umfang verwendet.

Aus Berylliumpulver stellt man durch Pressen und Sintern Rohteile und Halbzeuge her, die technisch einsetzbar sind. Gussteile verwendet man jedoch nicht, da ihre physikalischen Eigenschaften zu stark richtungsabhängig sind, außerdem sind sie relativ spröde und grobkörnig. Legierungen mit Nickel oder Kupfer stellt man her, indem Beryllium in situ aus seinem Oxid erzeugt und direkt mit Nickel bzw. Kupfer legiert wird. Obwohl Beryllium teils herausragende Eigenschaften zeigt, verhindern sein Preis und seine hohe Giftigkeit einen breiteren Einsatz.

Reines Beryllium wird in Detektoren bzw. Röhren für Röntgen- und γ-Strahlen wegen seiner Durchlässigkeit für diese eingesetzt, ebenso als Moderator in Kernreaktoren. Da Beryllium bei Bestrahlung mit beschleunigten Protonen Neutronen emittiert, dient es als Neutronenquelle in Bestrahlungsapparaten für medizinische Zwecke, beispielsweise in der Therapie von Krebs. Ebenso beschichtet man bewegliche Spiegel, auch Spiegel von Weltraumteleskopen, mit Beryllium (Chandler 2015).

Wegen seines geringen Gewichtes und der gleichzeitig hohen Wärmekapazität bestehen Hochleistungsbremsscheiben für Rennwagen sowie auch das Space Shuttle aus reinem Beryllium. In der HiFi-Technik setzt Yamaha reines Beryllium in Hochtonkalotten sehr teurer Lautsprecherboxen ein. Das CERN in Genf führt seine Versuche zum Beschuss von Protonen in Röhren aus Beryllium durch, weil jenes sehr hart und dabei vakuumdicht ist (Veness et al. 2011).

Man verwendet Beryllium legiert mit Aluminium für leichte und zugleich verschleißresistente Produkte in der Luft- und Raumfahrttechnik (Puchta 2011). Auch diese Produkte werden nicht gegossen, sondern isostatisch heißgepresst.

Die Legierungen mit Kupfer („Berylliumkupfer") bzw. Kupfer und Kobalt besitzen einige große Vorteile wie Elastizität und Zugfestigkeit, große Härte, Korrosionsbeständigkeit verbunden mit Ermüdungsfreiheit, fehlende magnetische Eigenschaften – die auch eine Nichtmagnetisierbarkeit einschließen – sowie eine gute elektrische und Wärmeleitfähigkeit. Man setzt sie, da sie funkenfrei und nichtmagnetisch sind, in explosionsgefährdeten Bereichen ein, darüber hinaus in Oberleitungsdrähten, stromübertragenden Federn (beispielsweise in Drehspulen oder Halterungen von Kohlebürsten) oder dort, wo zwar starke Magnetfelder benötigt werden, die aber möglichst nicht durch vorhandene metallische Bauteile beeinträchtigt werden sollen.

Berylliumkupfer bzw. seine Legierung mit Kobalt ist aber auch in anderen Anwendungen fest etabliert: So bestehen Ventilführungen in Automotoren, Spritzdüsen für Kunststoff sowie bei Punktschweißen eingesetzte Elektroden aus diesem Material, ebenso Kontakte in Relais.

Nickel-Beryllium-Legierungen bzw. Werkzeuge setzt man in Thermostatschaltern ein, ebenso, mit Eisen legiert, in Uhrenfedern.

In geringsten Mengen zu Gold legiert befindet sich Beryllium in extrem feinen Drähten, die auf elektronischen Leiterplatten den elektrischen Kontakt zwischen den einzelnen Schaltelementen herstellen (Herklotz et al. 1997).

Berylliumoxid setzt man noch gelegentlich als gut wärmeleitenden Isolator für Hochleistungstransistoren und widerstände ein; wegen seiner Giftigkeit bevorzugt man jedoch mittlerweile, wenn möglich, Aluminiumoxid, Bornitrid oder Aluminiumnitrid.

Toxizität Beryllium und seine Verbindungen wirken toxisch und krebserregend. Die Symptome sind unter anderem Schäden der Haut, Lungen, Milz und der Leber. Das Element akkumuliert im menschlichen Körper und kann auch nach Jahren zur

Bildung von Tumoren führen. Das Einatmen von Stäuben des Metalls oder seiner Verbindungen ist besonders gefährlich, da sich dann Wucherungen des Lungengewebes ausbilden können (Berylliose).

Bei der Verarbeitung metallischen Berylliums ist unbedingt dafür zu sorgen, dass dabei entstehende Späne und Stäube abgesaugt werden. Das Aufarbeiten elektrischer und elektronischer Bauelemente muss in jedem Fall unter Beachtung der erforderlichen Sicherheitsmaßnahmen erfolgen, da in ihnen ebenfalls Beryllium bzw. sein Oxid enthalten sein kann.

5.2 Magnesium

Symbol	Mg		
Ordnungszahl	12		
CAS-Nr.	7439-95-4		
Aussehen	Silbrig-weiß glänzend	Magnesium, kl. Barren (Zibo Kang Walter Ltd. 2015)	Magnesium und Pulver (Sicius 2015)
Entdecker, Jahr	Bussy (Frankreich), 1828 Faraday (Vereinigtes Königreich), 1833		
Wichtige Isotope [natürliches Vorkommen (%)]	Halbwertszeit (a)	Zerfallsart, -produkt	
$^{24}_{12}$Mg (78,99)	Stabil	----	
$^{25}_{12}$Mg (10,00)	Stabil	----	
$^{26}_{12}$Mg (11,01)	Stabil	----	
Massenanteil in der Erdhülle (ppm)	19.400		
Atommasse (u)	24,305		
Elektronegativität (Pauling ♦ Allred&Rochow ♦ Mulliken)	1,31 ♦ K. A. ♦ K. A.		
Normalpotential für: Mg^{2+}+2 e$^-$ → Mg (V)	−2,372		
Atomradius (pm)	150		
Van der Waals-Radius (berechnet, pm)	173		
Kovalenter Radius (pm)	141		
Ionenradius (Mg^{2+}, pm)	65		
Elektronenkonfiguration	[Ne] 3s^2		
Ionisierungsenergie (kJ/mol), erste ♦ zweite	738 ♦ 1451		
Magnetische Volumensuszeptibilität	$1,2 \cdot 10^{-5}$		
Magnetismus	Paramagnetisch		

Kristallsystem	Hexagonal
Elektrische Leitfähigkeit([A/ (V · m)], bei 300 K)	$2{,}27 \cdot 10^7$
Elastizitäts- ♦ Kompressions- ♦ Schermodul (GPa)	45 ♦ 45 ♦ 17
Vickers-Härte ♦ Brinell-Härte (MPa)	30–45 ♦ 44–260
Mohs-Härte	2,5
Schallgeschwindigkeit (m/s, bei 293 K)	4602
Dichte (g/cm³, bei 273,15 K)	1738
Molares Volumen (m³/mol, im festen Zustand)	$14{,}00 \cdot 10^{-6}$
Wärmeleitfähigkeit ([W/(m · K)])	160
Spezifische Wärme ([J/(mol · K)])	24,869
Schmelzpunkt (°C ♦ K)	650 ♦ 923
Schmelzwärme (kJ/mol)	8,7
Siedepunkt (°C ♦ K)	1110 ♦ 1383
Verdampfungswärme (kJ/mol)	132

Vorkommen Magnesium kommt, wie alle anderen Erdalkalimetalle, wegen seiner Reaktivität nicht mehr elementar, sondern nur in Form seiner Verbindungen vor, meist in Form mineralischer Carbonate, Silikate, Chloride und Sulfate. Das aus Magnesium- und Calciumcarbonat bestehende Doppelsalz Dolomit bildet den größten Teil vieler Gebirgsstöcke, so auch der Alpen („Dolomiten"). Bekannte Mineralien sind Dolomit $CaMg(CO_3)_2$, Magnesit $(MgCO_3)$, Olivin $[(Mg, Fe)_2SiO_4]$, Enstatit $(MgSiO_3)$, Kieserit $(MgSO_4 \cdot H_2O)$, Spinell $(MgAl_2O_4)$, Sepiolith $[Mg_4(Si_6O_{15})(OH)_2]$ Schönit $[K_2Mg(SO_4)_2 \cdot 6\,H_2O]$, Carnallit $(KMgCl_3 \cdot 6\,H_2O)$ und Talk $Mg_3[Si_4O_{10}]\,(OH)_2$. Serpentin $Mg_3[Si_2O_5](OH)_4$ ist ein grüner Schmuckstein.

Zusammen mit Calciumionen ist gelöstes Magnesium für das Entstehen der permanenten Wasserhärte verantwortlich. Meerwasser enthält bis zu 0,1 % gelöste Magnesiumsalze wie das Magnesiumchlorid oder -hydroxid.

Gewinnung 1828 gelang Bussy die erstmalige Reindarstung von Magnesium durch Erhitzen trockenen Magnesiumchlorids mit Kalium:

$$MgCl_2 + 2\,K \rightarrow Mg + 2\,KCl$$

Einige Jahre später, 1833, stellte Faraday durch Elektrolyse geschmolzenen Magnesiumchlorids das Metall her. Dieses Verfahren wurde durch Bunsen wesentlich erweitert, der ab 1840 ein Verfahren zur Gewinnung größerer Mengen des Metalls entwickelte. 1852 bereits stellte er eine Elektrolysezelle für diesen Zweck vor; ein Verfahren, das heute noch bevorzugt angewandt wird. Jedoch nahmen zuerst Caron und Sainte-Claire Deville die Herstellung von Magnesium in technischem Maßstab auf, indem sie eine Mischung wasserfreien Magnesiumchlorids und Calciumfluorids in der Hitze mit Natrium umsetzten; jedoch litt dieser Prozess an zahlreichen technischen Schwierigkeiten und wurde später wegen seiner fehlenden Wirtschaftlichkeit wieder eingestellt.

Im Wesentlichen stellt man Magnesium heute auf zweierlei Wegen her. Entweder wird geschmolzenes Magnesiumchlorid in Downs-Zellen (750 °C) hergestellt. Diese sind im Wesentlichen große Tröge aus Eisen, die von unten her beheizt werden. Von oben in die Schmelze eintauchende Graphitstäbe fungieren als Anoden, die an ihrem Kopf von ringförmig um sie herum laufenden Kathoden umgeben sind. Das metallische Magnesium schwimmt wegen seiner niedrigen Dichte auf der Salzschmelze auf und wird abgeschöpft. Das an der Anode entstehende Chlor steigt auf und wird vom oberen Teil der Zelle aus direkt der Produktion weiteren Magnesiumchlorids aus Magnesiumoxid zugeführt. Auf jeden Fall muss es vollständig vom mitproduzierten Magnesium ferngehalten werden. Um den Schmelzpunkt des Magnesiumchlorids von ca. 700 °C zu senken, fügt man schmelzpunktsenkende Zusätze wie Calcium- bzw. Natriumchlorid zu und wählt die zur Elektrolyse verwendete Stromspannung so, dass nur Magnesium an der Kathode abgeschieden wird.

Das zweite Verfahren (Pidgeon-Prozess) ist heute das wichtigere und beinhaltet die bei hoher Temperatur durchgeführte Reduktion von aus Dolomit erzeugtem Magnesiumoxid. Dies wird zusammen mit einem Reduktionsmittel wie beispielsweise Eisen oder Ferrosilicium sowie schlackebildenden Zusätzen (z. B. Bariumsulfat) in einem Behälter aus Chrom-Nickel-Stahl im Vakuum auf knapp 1200 °C erhitzt. Das bei dieser Temperatur bereits gasförmig anfallende Magnesium wird aus dem Ofen abgeleitet, kondensiert an außerhalb angebrachten Wasserkühlern und wird bei Bedarf durch Destillation im Vakuum weiter gereinigt.

Aktuell steht China für sieben Achtel der Weltproduktion, die sich heute um 1 Mio. t bewegen dürfte. Schon 2007 produzierte China ca. 650.000 t. Allerdings ist das Pidgeon-Verfahren sehr umweltbelastend, da es im Vergleich zum Hochofenprozess, in dessen Verlauf Stahl erzeugt wird, den 15-fachen Ausstoß von Treibhausgasen verursacht.

Eigenschaften Reines Magnesium ist relativ weich und besitzt auch nur eine geringe Festigkeit. An Luft überzieht sich auch Magnesium schnell mit einer Schicht seines Oxids (MgO), die aber, im Gegensatz zu Aluminiumoxid, das Metall nicht vor weiterer Korrosion bewahrt. Da Magnesium ein sehr unedles und reaktives Metall ist, sind dünne Bänder, Folien oder gar Pulver leicht entzündlich. Das Metall verbrennt bei erhöhter Temperatur auch in vielen Oxiden wie Kohlenmonoxid, Stickoxid und Schwefeldioxid.

Mit Wasser reagiert das Metall langsam unter Bildung von Wasserstoff zum Hydroxid:

$$Mg + 2\,H_2O \rightarrow Mg(OH)_2 + H_2$$

Auf der Oberfläche des Magnesiums bildet sich dabei zwar eine Schicht des Magnesiumhydroxids, der die Auflösungsreaktion weitgehend zum Erliegen bringt. Schon ein Zusatz schwacher Säuren reicht aber aus, um die Passivierung aufzuheben und die Oberfläche des Metalls anzuätzen, wodurch die Auflösung des Metalls wesentlich beschleunigt wird. Nur gegenüber Flusssäure ist Magnesium einigermaßen beständig, da sich auf der Oberfläche ein schützender Überzug von Magnesiumfluorid bildet. Mit Mineralsäuren reagiert es sehr heftig.

Verbindungen
Verbindungen mit Halogenen Magnesiumfluorid (MgF₂) kommt natürlich als Mineral Sellait vor; diese Vorkommen lohnen aber keinen Abbau. Es ist im Gegensatz zu seinen höheren Homologen Magnesiumchlorid, -bromid usw. schlecht wasserlöslich. Praktischerweise fällt man es daher aus Lösungen des Chlorids mittels Flusssäure aus:

$$MgCl_2 + H_2F_2 \rightarrow MgF_2 + 2\,HCl$$

Alternativ kann man es auch durch Auflösen von Magnesium bzw. Magnesiumcarbonat in Flusssäure oder – unter starker Wärmeentwicklung – direkt aus den Elementen herstellen, wobei letztere Reaktion stark exotherm ist (-1124 kJ/mol). Magnesiumfluorid bildet farb- und geruchlose, harte (Mohs-Härte: 6) Kristalle, die chemisch sehr widerstandsfähig sind und nur von heißer konzentrierter Schwefelsäure angegriffen werden. Es schmilzt bei 1256 °C und siedet bei 2260 °C.

Magnesiumfluorid ist über einen sehr großen Wellenlängenbereich (ca. 100–8000 nm) transparent. Im sichtbaren Bereich des Spektrums bricht es das Licht nur schwach (Brechungsindex: ca. 1,38) und zeigt zudem eine positive Doppelbrechung. Daher dient es in der optischen Industrie unter anderem zum Entspiegeln von Brillengläsern. Da es auch bis weit in den UV-Bereich hinein lichtdurchlässig ist, versiegelt man mit Magnesiumfluorid auch aluminiumbedampfte Spiegel für UV-Licht. Optische Fenster bestehen gelegentlich aus Einkristallen von Magnesiumfluorid.

Jenseits dieser Einsatzgebiete findet es noch Anwendung in Keramiken, als Katalysator bzw. Träger für diese bei chemischen Synthesen und als Verbesserer der Festigkeit von aus Aluminiumoxid gefertigten Gegenständen bzw. Körpern.

Magnesiumchlorid (MgCl₂) kommt in riesigen Mengen in Meerwasser und einigen Salzseen vor. Technisch gewinnt man es durch Eindampfen der Endlaugen, die bei der Produktion von Kaliumchlorid anfallen und die das Hexahydrat ($MgCl_2 \cdot 6H_2O$) enthalten. Das weitere Eindampfen liefert aber nur ein wasserärmeres Salz. Völlig wasserfreies Magnesiumchlorid kann man nur auf trockenem Weg durch Überleiten von Chlorgas über ein Gemisch aus Magnesiumoxid und Kohle herstellen:

$$MgO + Cl_2 + C \rightarrow MgCl_2 + CO$$

Im kleinen Maßstab erhält man Magnesiumchlorid, jedoch am Ende stets als hydratisiertes Salz, durch Auflösen von Magnesium bzw. Magnesiumoxid in Salzsäure. Magnesiumchlorid ist stark wasseranziehend, löst sich in Waser aber noch, im Gegensatz zu Aluminiumchlorid, weitgehend ohne hydrolytische Zersetzung. Die Löslichkeit in Wasser ist mit 1700 g/L (bei 20 °C) enorm hoch, der Schmelzpunkt liegt bei 708 °C und der Siedepunkt bei 1412 °C.

Die Anwendungen sind zahlreich; nur einige von ihnen seien hier genannt. So setzt man es in sehr großen Mengen zur Produktion elementaren Magnesiums mittels Schmelzflusselektrolyse ein. Seine Mischung mit Magnesiumoxid verwendet man unter dem Namen Sorel-Zement in Estrichen.

EU-weit ist Magnesiumchlorid ohne Beschränkung seiner Menge (!) unter der Bezeichnung E 511 als Zusatzstoff für Lebensmittel, auch für diejenigen aus ökologischer Bewirtschaftung, zugelassen und dient als Säureregulator, Festigungsmittel, Geschmacksverstärker, Träger sowie Trennmittel. Bei der Herstellung von Tofu ist es als Gerinnungsmittel und damit zur Erzielung einer hohen Ausbeute sehr wichtig.

Gelegentlich ist es, neben Calciumchlorid, Bestandteil von Streusalzmischungen, die bei besonders niedrigen Temperaturen zum Einsatz kommen. Sprühnebel konzentrierter Lösungen von Magnesiumchlorid binden Staub; daher verwendet man es zur Bindung von Staub im Steinkohlebergbau.

Magnesiumbromid (MgBr₂) ist in geringen Mengen in den Abraumsalzen der Kalisalzgewinnung enthalten, ebenso kommt es in Meerwasser in einer Konzentration von immerhin ca. 70 g/m³) vor. Es wird entweder aus den Elementen Magnesium und Brom (in wasserfreiem Diethylether) oder aber durch Auflösen von Magnesiumhydroxid in Bromwasserstoffsäure hergestellt. Es ist ein farbloses, hygroskopisches und sehr leicht wasserlösliches Pulver vom Schmelzpunkt 711 °C, das man z. B. zur Erzeugung von Brom aus bromidhaltigen Laugen verwenden kann:

$$MgBr_2 + Cl_2 \rightarrow Br_2 + MgCl_2$$

Verbindungen mit Chalkogenen Die chemischen Eigenschaften von *Magnesiumoxid (MgO)* sind stark von der Ausführung des jeweiligen Herstellverfahrens abhängig.

Erhitzt man natürlich vorkommendes Magnesiumcarbonat ($MgCO_3$) auf Temperaturen von ca. 800 °C, so entweicht zwar Kohlendioxid, aber die Temperatur ist zu niedrig, als dass das Oxid sintern und damit zusammenbacken könnte. Die sich so bildenden Partikel des Magnesiumoxids sind daher porös, haben eine große innere Oberfläche und reagieren mit Wasser schnell zu Magnesiumhydroxid.

Magnesiumoxid kann bis theoretisch hinauf zur Schmelztemperatur von 2800 °C geglüht werden, über die Stufe der Sintermagnesia (1700–2000 °C) hinweg. Man kleidet mit diesem Material („Magnesia") hochtemperaturbeständige Geräte oder Anlagen wie Schmelzöfen, Gießpfannen oder Umhüllungen von Thermoelementen aus. Totgebrannte oder gar geschmolzene Magnesia reagiert kaum noch mit Wasser.

Es ist ebenfalls ein Lebensmittelzusatzstoff (E 530) ohne Höchstmengenbeschränkung für alle Arten von Lebensmitteln. Es dient dann als Säureregulator oder Trennmittel, in der Dünge- und Futtermittelindustrie als Magnesiumträger. Beim Geräteturnen wird es zum Entfeuchten der Hände eingesetzt.

Die Mischung aus Magnesiumoxid und -chlorid (*Sorelzement*) findet Anwendung bei der Herstellung von Fußböden in Industrieanlagen. Darüber hinaus wird Magnesiumoxid in schwach basischen Feuerfestmaterialien für die Herstellung von Zement, für Mineralschäume und zur Produktion von Magnesia-Kohlenstoff-Steinen verwendet, das vielfach in feuerfesten Auskleidungen von Konvertern, Elektrolichtbogenöfen, Gießpfannen sowie bei der Stahlerzeugung verwendet wird. Mit Hilfe von Magnesiumoxid kann man auch Kieselsäure aus Trinkwasser entfernen; außerdem ist es ein gutes Adsorptionsmittel und ein Verzögerer für Vulkanisationsprozesse.

Magnesiumhydroxid [Mg(OH)₂] ist ein guter Säureblocker (Antazidum) und ist in Medikamenten zur Bindung überschüssiger Magensäure enthalten. Magnesiumhydroxid erhält man durch Zusatz von Kalkmilch zu den Restlaugen der Kalisalzgewinnung oder aus Meerwasser durch Ausfällen mit gebranntem Dolomit. Das ausgefällte rohe Produkt wird anschließend filtriert und bei Temperaturen von ca. 100 °C getrocknet. Am reinsten erhält man es durch Auflösen von Magnesiummetall in Wasser.

In Wasser ist Magnesiumhydroxid schwer und in Alkalilaugen kaum löslich. Leicht löst es sich in Säuren unter Bildung der entsprechenden Magnesiumsalze. Magnesiumhydroxid bildet mit Säuren basisch und neutral reagierende Salze. Oberhalb einer Temperatur von 350 °C erfolgt vermehrt Wasserabspaltung unter Bildung von Magnesiumoxid.

Neben seiner Verwendung als Blocker für Magensäure und als mildes Abführmittel dient es ebenso als Lebensmittelzusatzstoff (E 528) mit der Funktion eines Trennmittels und Säurereglers (6)(7). Der größte Teil des industriell produzierten

Magnesiumhydroxids wird aber durch Erhitzen auf Temperaturen um 600 °C zu Magnesiumoxid verarbeitet. Weiter setzt man es als Flockungsmittel zur Behandlung von Abwasser und gelegentlich als Flammschutzmittel in Thermoplasten (Polyolefinen, PVC) und Elastomeren ein.

Magnesiumperoxid (MgO$_2$), das beispielsweise durch Zusatz von Wasserstoffperoxid zu wässrigen Lösungen von Magnesiumnitrat erhalten werden kann, gibt leicht Sauerstoff frei und wird als Quelle für Sauerstoff in der Kosmetik- und Pharmaindustrie eingesetzt. Auch verwendet man es zur Dekontamination und Sauerstoffversorgung von Böden. Es ist zudem desinfizierender Bestandteil in Deodorants und Duschgels.

Magnesiumsulfid (MgS) kann durch Reaktion von Schwefel oder Schwefelwasserstoff mit Magnesium gewonnen werden. Ein elegantes Verfahren für das Labor geht von Magnesiumsulfat und Kohlenstoffdisulfid aus (Brauer 1978, S. 909):

$$3\,MgSO_4 + 4\,CS_2 \rightarrow 3\,MgS + 4\,COS \uparrow + 4SO_2 \uparrow$$

Bei Kontakt mit Wasser oder Feuchtigkeit hydrolysiert es unter Bildung von Magnesiumhydroxid und -hydrogensulfid; Letzteres spaltet leicht Schwefelwasserstoff ab. Magnesiumsulfid setzt man als Enthaarungsmittel ein; eine interessante technische Anwendung ist die als Wirkstoff in Dosimetern, da mit Seltenerdionen dotiertes Magnesiumsulfid nach Bestrahlung mit UV-Licht fluoresziert.

Verbindungen mit Sauerstoffsäuren Magnesiumcarbonat [(MgCO$_3$)] ist als Lebensmittelzusatzstoff (E 504) ohne Höchstmengenbeschränkung für alle Lebensmittel in der EU zugelassen. Es dient als Säureregulator, Trennmittel oder Träger. Werden jedoch große Mengen eingenommen, so kann es abführend wirken. In Kombination mit Kreide (Calciumcarbonat) ist es in Medikamenten gegen Sodbrennen enthalten. Es besitzt gute Adsorbereigenschaften und ist daher Wirkstoff in Entfeuchtern, Ölbindemitteln (Forsgren et al. 2013), Füllstoffen von Pudern und Papier sowie als Schweißadsorber beim Gerätesport und in der Leichtathletik.

Magnesiumsulfat-Heptahydrat (MgSO$_4$ · 7 H$_2$O) entsteht beim Auflösen von Magnesium in Schwefelsäure. Es ist in Düngern als Magnesiumquelle für Pflanzen enthalten; so verhindert es ein Bräunen der Nadeln von Koniferen. Außerdem setzt man es als Trocknungs- und Abführmittel ein, jedoch muss bei letzterer Anwendung mit Auswirkungen auf die Nierenwirkung gerechnet werden. Generell ist es Bestandteil wichtiger medizinischer Anwendungen. So gibt man bei der Therapie spezieller Herzrhythmusstörungen (Tachykardie) Magnesiumsulfat intravenös, ebenso auch beim akuten Herzinfarkt (Ziegenfuß 2005).

Magnesiumhydrogenphosphat (MgHPO$_4$ • 3 H$_2$O) wird industriell aus Natriumphosphat und Magnesiumsulfat-Heptahydrat hergestellt. Es ist in Wasser schwerlöslich und kommt im menschlichen Körper (Gehirn, Zähne, Nerven, Rückenmark, Blutkörperchen, Muskeln, Knochen) und in grünem Gemüse, Obst und Getreide vor. Generell setzt man in der Lebensmittelindustrie die diversen Magnesiumphosphate als Futtermittelzusatz, Abführmittel und Lebensmittelzusatz ein. Letzteres umfasst Säureregulatoren und/oder Trennmittel; in der EU ist es unter der Bezeichnung E 343 mit Mengenbeschränkung bis zu 5 (Milchprodukte) oder auch 30 g/kg (Kaffeeweißer) zugelassen.

Daneben gibt es die rein anorganische Anwendung als Bestandteil keramischer Erzeugnisse oder als Flammschutzmittel.

Weitere anorganische Verbindungen Magnesiumdiborid (MgB$_2$) ist ein dunkelgraues bis schwarzes Pulver, das bei ca. 800 °C unter Zersetzung schmilzt. Es zeigt die bislang höchste Sprungtemperatur (-234 °C; 39 K) unter den metallischen Supraleitern. Zu seiner Herstellung trägt man festes Bor bei einer Temperatur von ca. 900 °C in flüssiges Magnesium, wobei der dabei auftretende Magnesiumdampf in das Bor eindringt. Dabei bilden sich leicht abzutrennende Kugeln aus Magnesiumdiborid. Dünne Schichten erzeugt man jedoch besser durch Umsetzung gasförmigen Magnesiums mit Diboran in einer Wasserstoffatmosphäre. Ebenfalls möglich ist die Abscheidung von Dünnschichten von Magnesiumdiborid durch Reaktion von Magnesiumdampf in einer Wasserstoffatmosphäre mit Diboran.

Magnesiumcarbid (Mg$_2$C$_3$) gehört wie Calciumcarbid (CaC$_2$) zu den ionischen Carbiden. Magnesiumcarbid leitet sich jedoch vom Propadien (CH$_2$=C=CH$_2$) ab, während die Basis für Calciumcarbid das Ethin (Acetylen, CH≡CH) ist. Man erzeugt Magnesiumcarbid durch Überleiten niederer Aliphaten auf flüssiges Magnesium, das auf Temperaturen um 700 °C erhitzt ist (Brauer 1978, S. 916). Wesentlich höhere Temperaturen dürfen nicht zur Anwendung kommen, da sich dann Magnesiumcarbid zu Magnesium und Kohlenstoff zersetzt. Das Produkt hydrolysiert leicht zu Magnesiumhydroxid und Propin (nicht Propadien).

Magnesiumnitrid (Mg$_3$N$_2$) bildet sich als gelber Feststoff beim Erhitzen von Magnesium in einer Stickstoffatmosphäre bei Temperaturen um 300 °C oder aber durch Reaktion von Magnesium mit Ammoniak (Brauer 1975, S. 911).

$$3\,Mg + 2\,N_2 \rightarrow Mg_3N_2 \qquad\qquad 3\,Mg + 2\,NH_3 \rightarrow Mg_3N_2 + 3\,H_2$$

Magnesiumnitrid ist ein grünlichgelbes bis gelborange gefärbtes, lockeres Pulver und wird durch Wasser zu Magnesiumhydroxid und Ammoniak hydrolysiert.

Organische Verbindungen Die synthesetechnisch wichtigsten Magnesiumverbindungen sind die Organyle, in denen ein Magnesium- direkt an ein Kohlenstoffatom gebunden ist. Unter diesen sind die Grignardverbindungen (R-Mg-X) mit Abstand am wichtigsten, die durch die Reaktion von Organyl-(z. B. Alkyl- oder Aryl-)halogeniden mit Magnesiumspänen gewonnen werden (Reuben 1977) und die für sehr viele organische Synthesen eingesetzt werden, Unter diesen seien hier nur die Einführung von Alkylgruppen in organische Moleküle (Erzeugung von Alkenen aus Alkinen oder von Alkanen aus Alkenen, Eq. 5.6), die Herstellung von Alkyl- oder Aryl-Elementverbindungen (Eq. 5.7) oder die Erzeugung von Iminen aus Nitrilen (Eq. 5.8) genannt sein sollen (Holleman et al. 2007):

$$R`HC = CHR`` + RMgX \rightarrow R\text{-}CHR'\text{-}CHR''\text{-}MgX \text{ und}$$
$$R\text{-}CHR'\text{-}CHR''\text{-}MgX + H_2O \rightarrow R\text{-}CHR'\text{-}CHR''\text{-}H + Mg(OH)X \tag{5.6}$$

$$ZnCl_2 + 3\,RMgX \rightarrow ZnR_2 + 3\,MgX_2 \tag{5.7}$$

$$R'\,C \equiv N + 2\,RMgX \rightarrow R'\,RC = NMgX \text{ und}$$
$$R'RC = NMgX + H_2O \rightarrow R'RC = NH + Mg(OH)X \tag{5.8}$$

Magnesiumalkyle oder -aryle (R_2Mg, „Magnesiumdiorganyle") kann man beispielsweise durch Umsetzung von Grignardverbindungen mit Lithiumalkylen bzw. -arylen (Elschenbroich 2008, Eq. 5.9) oder durch Zugabe von 1,4-Dioxan zu diesen erzeugen (Saheki et al. 1987, Eq. 5.10):

$$RMgX + LiR' \rightarrow RR'Mg + LiX \tag{5.9}$$

$$2\,RMgX + 2\,1,4\text{-}Dioxan \rightarrow R_2Mg + MgX_2\,(1,4\text{-}Dioxan) \downarrow \tag{5.10}$$

Magnesiumalk(en)yle bzw. -aryle sind auch durch Anlagerung elementaren Magnesiums an C=C-Doppelbindungen beispielsweise des 1,3-Butadiens oder Anthracens zugänglich (Fujita et al. 1976):

Das im Beispiel gezeigte 2-Buten-1,4-diyl)magnesium dient oft als Quelle für Butadien-Anionen bei organischen Synthesen.

Anwendungen Magnesium in Band-, Draht- und Pulverform verwendet man in Blitzlichtlampen, früher auch von Fotoapparaten, in Brandsätzen, Leuchtmunition und als Bestandteil von Zündsteinen für Feuerzeuge. Gelegentlich setzt man Magnesiumstäbe als Opferanoden ein, die eine Korrosion (Oxidation) des edleren Metalls verhindern.

Vielfach dient Magnesium als Reduktionsmittel, so im Kroll-Prozess zur Herstellung von Titan und anderen Nebengruppenmetallen, analog in den jeweils angewandten Verfahren zur Produktion metallischen Urans, Kupfers, Nickels, Chroms und Zirkoniums und beispielsweise auch in granulierter Form als Schwefelfänger in Eisen und Stahl. Es ist darüber hinaus in großen Mengen in aluminiumhaltigen Legierungen enthalten, die im Flugzeugbau verwendet werden, um nur einige, aber nicht alle metallurgischen Anwendungen zu nennen. Wie bereits erwähnt, ist feinverteiltes Magnesium essenzieller Ausgangsstoff zur Herstellung von Grignardverbindungen.

Legierungen aus Magnesium und Aluminium haben sich wegen ihrer geringen Dichte und den jeweils relativ niedrig liegenden Schmelzpunkten beider Metalle (650 °C bzw. 660 °C) durchgesetzt. Ob im Bau von Autokarosserien, Motorenblöcken oder Luftschiffkonstruktionen, ein Zusatz von Magnesium verringert stets das Gewicht (z. B. Mg-Al-, Mg-Mn-, Mg-Si-, Mg-Zn- und auch Mg-Al-Zn-Legierungen). Das Druckgussverfahren erlaubt die Produktion zahlreicher großflächiger, aber dünner Bauteile, ohne dass aufwändige Nachbearbeitungen notwendig wären, wie von Felgen, Profilen, Gehäusen, Türen, Motorhauben, Kofferraumhauben und anderen. In jüngerer Zeit prüfte man mit dem Ziel weiterer Gewichtsersparnis auch Magnesium-Lithium-Legierungen, aber diese Arbeiten sind noch nicht abgeschlossen.

Für medizinische Zwecke können magnesiumhaltige Legierungen ebenfalls sehr interessant sein, wie neuere Forschungsergebnisse zeigen. Dies betrifft Implantate, die vom menschlichen Körper resorbiert werden können, jedoch während ihrer medizinisch notwendigen Verweilzeit im Körper nicht so stark korrodieren dürfen, dass das Ziel ihres Einsatzes gefährdet ist. So könnten womöglich Folgeoperationen wie Implantatentnahmen überflüssig werden.

Magnesiumoxid bzw. -carbonat haben große Bedeutung bei der Düngung von Äckern und Grünflächen, um „Nachschub" für die Bildung des Blattgrüns (Chlorophylls) zu liefern und Übersäuerungen des Bodens abzumildern (Fritsch 2007).

Magnesium in der Medizin und in Nahrungsergänzungsmitteln Magnesium ist für fast alle Organismen ein essenzielles Element. Das Blattgrün der Pflanzen (Chlorophyll) hat einen Anteil an Magnesium von ca. 2 %. Pflanzen und Säugetiere können gleichermaßen an Magnesiummangel erkranken.

Der Körper eines Erwachsenen enthält ca. 20 g Magnesium. Im Blutserum ist es üblicherweise in einer Konzentration von 0,8–1,1 mmol/l enthalten. Magnesiumionen nehmen an vielen enzymatischen Reaktionen im Körper teil und sind wesentlich für die Stabilisierung des Ruhepotentials erregbarer Muskel- und Nervenzellen. Ein Mangel an Magnesium bewirkt Nervosität, Reizbarkeit, Konzentrationsmangel, Müdigkeit sowie Schwächegefühl und kann sich bis hin zum Auftreten von Herzrhythmusstörungen und sogar Herzinfarkt auswirken (Li et al. 2011). Jedoch löst auch ein Überschuss von Magnesiumionen im Blut Störungen des Nervensystems und Herzens aus.

Ist die Nahrung arm an Magnesium, so kann dies durch Gabe magnesiumhaltiger Tabletten kompensiert werden. Schwere Erkrankungen, Leistungssport oder Schwangerschaft können zu leichtem Magnesiummangel führen. Schwere Symptome zeigen sich oft bei chronischem Durchfall, Nierenfunktionsstörungen, Allergien gegenüber Cortison oder bei starkem Alkoholkonsum verbunden mit Fehlernährung (Swaminathan 2003).

Magnesiumcitrat, -gluconat und ähnliche Verbindungen besitzen in Deutschland Zulassungen als Arzneimittel gegen Muskelkrämpfe, Migräne, Schwangerschaftskomplikationen und ähnliche Beschwerden. Der Resorbierungsgrad des Magnesiums fällt meist mit steigender Dosierung (Fine et al. 1991); die oben genannten Magnesiumsalze organischer Säuren werden schneller resorbiert. Der Bedarf des Körpers an Magnesium passt sich während der Einnahmezeit an, da auch die das Magnesium bindende Muskelmasse wächst (Golf 2009).

5.3 Calcium

Symbol	Ca		
Ordnungszahl	20		
CAS-Nr.	7440-70-2		
Aussehen	Silbrig-weiß glänzend	Calcium, Stück (Metallium, Inc. 2015)	Calcium, Granalien (Sicius 2015)
Entdecker, Jahr	Davy (Vereinigtes Königreich), 1808		
Wichtige Isotope [natürliches Vorkommen (%)]	Halbwertszeit (a)	Zerfallsart, -produkt	
$^{40}_{20}$Ca (96,941)	Stabil	----	
$^{42}_{20}$Ca (0,647)	Stabil	----	
$^{43}_{20}$Ca (0,135)	Stabil	----	
$^{44}_{20}$Ca (2,086)	Stabil	----	

Massenanteil in der Erdhülle (ppm)	33.900
Atommasse (u)	40,078
Elektronegativität (Pauling ♦ Allred&Rochow ♦ Mulliken)	1,00 ♦ K. A. ♦ K. A.
Normalpotential für: $Ca^{2+}+2\,e^- \rightarrow Ca$ (V)	−2,84
Atomradius (pm)	180
Van der Waals-Radius (berechnet, pm)	231
Kovalenter Radius (pm)	176
Ionenradius (Ca^{2+}, pm)	99
Elektronenkonfiguration	[Ar] $4s^2$
Ionisierungsenergie (kJ/mol), erste ♦ zweite	590 ♦ 1145
Magnetische Volumensuszeptibilität	$1,9 \cdot 10^{-5}$
Magnetismus	Paramagnetisch
Kristallsystem	Kubisch-flächenzentriert
Elektrische Leitfähigkeit ([A/ (V · m)], bei 300 K)	$2,94 \cdot 10^7$
Elastizitäts- ♦ Kompressions- ♦ Schermodul (GPa)	20 ♦ 17 ♦ 7,4
Vickers-Härte ♦ Brinell-Härte (MPa)	17 ♦ 167
Mohs-Härte	1,75
Schallgeschwindigkeit (m/s, bei 293,15 K)	3810
Dichte (g/cm³, bei 293,15 K)	1,55
Molares Volumen (m³/mol, im festen Zustand)	$26,20 \cdot 10^{-6}$
Wärmeleitfähigkeit ([W/(m · K)])	200
Spezifische Wärme ([J/(mol · K)])	25,929
Schmelzpunkt (°C ♦ K)	842 ♦ 1115
Schmelzwärme (kJ/mol)	8,54
Siedepunkt (°C ♦ K)	1487 ♦ 1760
Verdampfungswärme (kJ/mol)	153

Vorkommen In der Natur kommt Calcium nur in chemisch gebundener Form vor. Calciumhaltige Minerale wie Calcit und Gips kommen in großen Mengen vor, so bestehen ganze Gebirgsketten aus Kalkstein wie die Alpen, die Pyrenäen oder die Anden.

Die meisten Calciumverbindungen sind wasserlöslich, mit Ausnahme von Calciumcarbonat und zu einem gewissen Grad Calciumsulfat ($CaCO_3$ bzw. $CaSO_4 \cdot 2\,H_2O$). In natürlichen Wässern liegen meist Ca^{2+}- neben HCO_3^- (Hydrogencarbonat-)Ionen vor, im stärker alkalischen Milieu fällt dann Calciumcarbonat aus. Calcium- und Magnesiumionen sind neben Hydrogencarbonat und Sulfat der Hauptbestandteil der Wasserhärte, wobei in der Nähe kalkhaltiger Gebirge naturgemäß die höchsten Wasserhärten auftreten. So weist Spanien, das viele kalksteinhaltige Gebirgszüge auf seinem Gebiet hat, neben Norditalien sogar weltweit die höchsten Wasserhärten auf. In Mitteleuropa sind die Wasserhärten eher durchschnittlich hoch, ebenso im Süden Skandinaviens. Norwegen und Schweden ab dem 60. nördlichen Breitengrad haben wiederum sehr weiche Wässer, weil das norwegisch-schwedische Grenzgebirge sehr alt ist und seinen Kalkanteil durch Erosion schon nahezu vollständig verloren hat. Dies führte auch dazu, dass der in den 1980er Jahren auf diese Region gefallene saure Regen einen verheerenden Einfluss auf die Wälder zeigte, da im Boden und in den Wässern nur noch wenig Hydrogencarbonatpuffer vorhanden war, der die Säure zumindest teilweise hätte binden können.

Die Wässer im Nordosten Nordamerikas sind relativ weich, wobei die kanadische Provinz Québec stellenweise sogar Wasserhärten nahe Null aufweist. Dagegen sind wesentlich höhere Konzentrationen an Calciumcarbonat im Bereich der Rocky Mountains zu finden.

Australien und Japan haben sehr weiche Wässer, andere asiatische Länder sowie Sibirien eher mittelhartes, da die meisten Flüsse bzw. Entwässerungssysteme ihren Ursprung im Himalaya haben, der als junges Gebirge auch aus einem riesigen Kalksteinstock besteht.

Auch Calcium ist ein essentielles Element und ist Bestandteil von Knochen, Zähnen, Muscheln und auch Blättern. Es ist wichtig für die Reizübertragung in Nervenzellen.

Gewinnung Das Metall wird unter Vakuum durch Erhitzen gebrannten Kalks (Calciumoxid) mit Aluminiumpulver auf 1200 °C hergestellt. Die Reaktion wird dadurch begünstigt, weil bei den herrschenden Temperaturen das Calcium verdampft und so aus dem Gleichgewicht der Reaktion entfernt wird. Durch anschließende Destillation kann das Calcium gereinigt werden.

Eigenschaften Calcium ist ein sehr unedles Metall und läuft auch an trockener Luft schnell an. Werden Calciumgranalien an der Luft erhitzt, können sie sich spontan entzünden. Mit Wasser reagiert Calcium zügig unter Bildung von Calciumhydroxid und Wasserstoff. Es ist sehr weich, lässt sich aber mit dem Messer nicht schneiden. In seinen Verbindungen tritt es praktisch ausschließlich mit der Oxidationszahl + 2 auf; 2009 konnten aber die ersten Komplexverbindungen dargestellt werden, die Calcium in der Oxidationszahl 1 enthalten (Ca^+; Krieck et al. 2009).

Verbindungen

Verbindungen mit Halogenen Calciumfluorid (CaF$_2$) bildet farblose, in Wasser und verdünnten Säuren schwerlösliche Kristalle, die bei einer Temperatur von 1423 °C schmelzen (Kojima et al. 1968). In der Natur kommt es als Fluorit bzw. Flussspat vor, der meist durch Verunreinigungen gefärbt ist. Es kristallisiert in dem nach ihm benannten Fluoritgitter. In Wasser ist es schwer löslich und lässt Infrarot- und Ultraviolettlicht zu großen Teilen durch. Nur durch Einwirkung starker Säuren wird es unter Bildung von Fluorwasserstoff und Calciumsulfat angegriffen, schwache Säuren und alle Laugen bleiben weitgehend wirkungslos.

Calciumfluorid in Form von Flussspat wird in Mengen von mehreren Mio. t pro Jahr abgebaut. Das etwa zur Hälfte aus CaF_2 bestehende Mineral wird zur Abtrennung der Begleitstoffe, die meist aus Bleiglanz (PbS), Quarz (SiO_2) oder Bariumsulfat ($BaSO_4$) bestehen, zerkleinert und durch Flotation bis zu einem Gehalt von 98 % aufkonzentriert. Es ist der wichtigste Rohstoff zur Herstellung elementaren Fluors und wird außerdem zum Schleifen von Linsen und optischen Gläsern verwendet, ebenso als Flussmittel und Schlackebildner bei metallurgischen Prozessen.

Calciumchlorid ($CaCl_2$) kommt in Salzsolen vor und schmilzt in wasserfreiem Zustand bei einer Temperatur von 772 °C. Im kleineren Maßstab stellt man es durch Umsetzung von Calciumcarbonat (Kalk) mit Salzsäure her, wobei das so erhaltene hydratisierte Salz durch Erhitzen auf Temperaturen von 250 °C hydrolysefrei entwässert werden kann:

$$CaCO_3 + 2\,HCl \rightarrow CaCl_2 + CO_2 + H_2O$$

Technisch gewinnt man Calciumchlorid durch Reaktion von Ammoniumchlorid mit Calciumhydroxid (gelöschtem Kalk). Ersteres fällt beim Solvay-Verfahren zur Herstellung von Soda an:

$$2\,NH_4Cl + Ca(OH)_2 \rightarrow 2\,NH_3 + CaCl_2 + 2\,H_2O$$

Calciumchlorid liegt in reinem Zustand in Form farbloser, stark hygroskopischer Kristalle vor und löst sich in Wasser unter Freisetzung großer Wärmemengen; der Lösungsvorgang ist also stark exotherm. Man verwendet es als Trocknungsmittel im Labor und in der Großtechnik für Gase und Flüssigkeiten, des Weiteren als Frostschutzmittel, Abbindebeschleuniger für Spritzbeton sowie in Form einer wässrigen Lösung als Staubbinder bei Bauarbeiten. In Nordamerika wird es in Streusalzmischungen zum Erzielen tiefer Schmelztemperaturen von Schnee und Eis verwendet; entsprechend stellt man Kältemischungen auf Basis des hydratisierten Salzes her.

EU-weit ist es als Lebensmittelzusatzstoff (E 509) zugelassen und wird dort zur Gerinnung von Eiweiß oder auch bei der Produktion von Käse und Tofu verwendet. In der Molekularbiologie steigern Dosierungen von Calciumchlorid die Aufnahmefähigkeit von Zellen für DNS, da Ca^{2+}-Ionen die Durchlässigkeit der Zellmembranen erhöhen.

Calciumbromid ($CaBr_2$) ist ein weißer, sich an der Luft langsam gelb färbender Feststoff der Dichte 3,35 g/cm^3, der bei 730 °C schmilzt (Holleman et al. 2007, S. 1241). Man stellt es durch Auflösen von Calciumoxid oder -carbonat in Bromwasserstoffsäure (Eq. 5.11) oder elegant aus Calciumcarbonat und Brom in Gegenwart eines Reduktionsmittels (hier: Ameisensäure; Eq. 5.12) her (Dagani et al. 2005):

$$CaO + 2\,HBr \rightarrow CaBr_2 + H_2O \qquad (5.11)$$

$$CaCO_3 + Br_2 + HC(O)OH \rightarrow CaBr_2 + H_2O + 2\,CO_2 \qquad (5.12)$$

Calciumbromid ist in Wasser und Methanol gut, in Ether und Chloroform nur wenig löslich. Seine hohe Dichte macht es geeignet für Spüllösungen von Förderanlagen für Erdöl und Erdgas. Es ist außerdem Bestandteil von Beschichtungen für Fotoplatten, Arznei- und Flammschutzmitteln (Dagani et al. 2005).

Calciumiodid (CaI$_2$) ist ein weißer bis hellgelber Feststoff vom Schmelzpunkt 740 °C (wasserfreie Form) und der Dichte 3,96 g/cm^3. Das bereits bei 42 °C schmelzende Hydrat lässt sich schon nicht mehr ohne teilweise Hydrolyse entwässern. Das wasserfreie Salz ist durch Reaktion von Iod mit Calciumhydroxid (Eq. 5.13) über das später zu reduzierende Iodat bzw. auch durch Reaktion von Calciumoxalat mit Jod (Eq. 5.14) zugänglich (Blümer-Schwinum 1995):

$$6\,Ca(OH)_2 + 6\,I_2 \rightarrow 5\,CaI_2 + Ca(IO_3)_2 + 5\,H_2O \qquad (5.13)$$

$$Ca(COO)_2 + I_2 \rightarrow CaI_2 + 2\,CO_2 \qquad (5.14)$$

Hydratisiertes Calciumiodid nimmt bei Kontakt mit Luft Kohlendioxid auf und gibt Iod ab, weshalb es dann eine gelbliche Farbe annimmt. Technisch setzt man das wasserfreie Salz als Szintillationskristall und in Halogenlampen ein (Sitzmann 2006).

Verbindungen mit Chalkogenen Calciumoxid (CaO, gebrannter Kalk) ist ein weißes, hochschmelzendes (2570 °C) und stark ätzend wirkendes Pulver, das mit Wasser unter Freisetzung großer Wärmemengen zu Calciumhydroxid [Ca(OH)$_2$, gelöschter Kalk] reagiert. Großtechnisch stellt man Calciumoxid durch Brennen von Kalk (Calciumcarbonat) her. Ab einer Temperatur von etwa 800 °C entsteht Calciumoxid, da der Kalk Kohlendioxid abgibt:

$$CaCO_3 \rightarrow CaO + CO_2 \uparrow$$

Je nach Brenndauer und -temperatur hat der so produzierte gebrannte Kalk unterschiedliche Eigenschaften, die auf jeweils verschiedenen Kristallit- und Porengrößen sowie spezifischen Oberflächen beruhen. Wird bei Temperaturen bis 1000 °C gebrannt, so bildet sich weichgebrannter Kalk, der sich mit Wasser zügig zu Calciumhydroxid (gelöschtem Kalk) umsetzt. Hartgebrannter, durch Brennen bei >1400 °C erzeugter Kalk reagiert erst nach mehreren Minuten mit Wasser.

Calciumoxid ist selbstverständlich auch durch Erhitzen von Calciumhydroxid oder durch Verbrennen metallischen Calciums an der Luft zugänglich. Auf letzterem Weg gewonnenes Calciumoxid ist aber durch kleine Anteile an Calciumnitrid verunreinigt und wird technisch nicht auf diese Weise hergestellt, da Calciumme- tall teuer ist.

Gebrannten und dann gelöschten Kalk setzt man in der Bauindustrie in riesigen Mengen als Bestandteil von Mörteln und Putzen ein, ebenso in Zementklinkern. Calciumoxid ist ein sehr gutes Trocknungsmittel und absorbiert stark Kohlendi- oxid. Bei der Gewinnung flüssigen Roheisens, das mit Eisensulfid (FeS) verun- reinigt ist, wird jenes durch das in die Schmelze eingebrachte Calciumoxid un- schädlich gemacht, indem Calciumsulfid erzeugt wird. Jenes schwimmt auf der Oberfläche der Schmelze und kann abgeschöpft werden.

Gelöschter Kalk ist in Rauchgaswäschern von Kohle- und Abfallkraftwerken oft unverzichtbar zum Auswaschen des beim Verbrennungsvorgang gebildeten Schwefeldioxids (SO_2). Der durch Reaktion von Calcium(hydr)oxid mit SO_2 gebil- dete Gips (Calciumsulfat) wird in der Bauindustrie zur Produktion von Gips- und Gipskartonplatten weiter verwendet.

Weitere Anwendungen sind unter anderem Kalkputze und -farben, Düngekalk sowie die Synthesen von Calciumcarbid (Erhitzen von Calciumoxid mit Kohle) sowie Chlorkalk (Umsetzung von Calciumhydroxid mit Chlor).

Verbindungen mit Sauerstoffsäuren Calciumcarbonat (CaCO₃) ist in der Natur sehr weit verbreitet und kommt in der Lithosphäre unter anderem als Kalkstein und Marmor vor; es findet sich aber auch als Baustein der Skelette bzw. Gehäuse von Muscheln, Schnecken und Korallen. Seine mineralischen Varietäten sind Calcit, Aragonit und Vaterit. (Die Skelette der Wirbeltiere enthalten dagegen Hydroxyl- apatit sowie Fluorapatit in den Zähnen.)

Calciumcarbonat selbst ist in reinem Wasser in nur sehr geringer Menge löslich. Ist gelöstes Kohlendioxid anwesend, so wird die Löslichkeit drastisch erhöht, weil sich leicht wasserlösliches *Calciumhydrogencarbonat [Ca(HCO₃)₂]* bildet. Jenes ist in fast allen natürlichen Wässern der Erde enthalten, je nach Gestein, aus dem der Fluss entspringt bzw. durch den er fließt. Die Konzentration von Calcium- carbonat in Wasser wird in Härtegraden angegeben; diese Klassifizierung (hier: Gesamthärte) kann aber je nach Land unterschiedlich sein:

a) Deutschland: $1°dH = 10$ mg/L CaO, oder 17,85 mg/L $CaCO_3$ oder 0,18 mmol/L

b) Frankreich: $1°fH = 0,1$ mmol/L Ca^{2+}- oder Mg^{2+}- Ionen, oder 10 mg/L $CaCO_3$

Umgekehrt entsteht durch Erhitzen wässriger Lösungen von Calciumhydrogencar- bonat durch Abspaltung von Wasser und Kohlendioxid wieder Calciumcarbonat. Dieser Prozess ist für die Entstehung der meisten natürlichen Vorkommen von Cal- ciumcarbonat, auch dem von Gebirgen und Kalksinterterrassen, verantwortlich.

Calciumsulfat (CaSO₄) kommt natürlich in Form der Minerale Anhydrit ($CaSO_4$), Gips ($CaSO_4 \cdot 2\,H_2O$, Dihydrat) und Bassanit ($CaSO_4 \cdot 1/2\,H_2O$, Hemihydrat) vor und zersetzt sich beim Erhitzen auf Temperaturen oberhalb von 700 °C. Während Gips die aus Lösungen auskristallisierende Form des Calciumsulfats ist, sind die diversen Formen des Halbhydrats auf folgenden Wegen herstellbar und haben nachstehend beschriebene Eigenschaften:

a. α-Halbhydrat ($CaSO_4 \cdot 1/2\,H_2O$): Erhitzen im geschlossenen Gefäß (Autoklav) unter Nassdampf oder drucklos in Säuren und wässrigen Salzlösungen. Benötigt weniger Wasser, aber mehr Zeit zum Abbinden. Ausgangsstoff für härtere Gipse.

b. β-Halbhydrat ($CaSO_4 \cdot 1/2\,H_2O$): Erhitzen im offenen Gefäß unter Normalatmosphäre. Vermischen mit Wasser führt schnell zur Bildung von Gips. Ausgangsmaterial für weichere Gipse.

c. Anhydrit III ($CaSO_4 \cdot x\,H_2O$; $0 < x < 0{,}5$) bildet sich, wenn das Halbhydrat auf bis zu 300 °C erhitzt wird. Vermischen mit Wasser liefert wieder rasch das Halbhydrat.

d. Anhydrit II$_s$ ($CaSO_4$) entsteht, wenn das Halbhydrat auf höhere Temperaturen (300–500 °C) erhitzt wird. Vermischen mit Wasser ergibt langsame Rückhydratation (mehrere Stunden oder sogar Tage).

e. Anhydrit II$_u$ ($CaSO_4$) bildet sich beim Erhitzen des Halbhydrats auf Temperaturen von 500–700 °C aus dem Anhydrit II$_s$. Diese Form ist unlöslich in Wasser, ergibt kein Dihydrat mehr und ist daher auch nicht mehr als „Gips" verwendbar.

f. Anhydrit I ($CaSO_4$) entsteht durch Glühen des Gipses bei ca. 1200 °C, wobei sich dieser teilweise zersetzt.

Die mit Abstand verbreitetste Form ist aber das Dihydrat (Gips), das überall dort anfällt, wo Ca^{2+}- mit SO_4^{2-} Ionen in wässriger Lösung in Kontakt kommen, so bei der Neutralisierung schwefelsäurehaltiger Lösungen oder bei der Rauchgasentschwefelung. Technisch wird Gips meist sehr einfach durch Zugabe von Kalkmilch oder Kalkstein zu schwefelsäurehaltigen Lösungen erzeugt.

Calciumsulfat ist ein weißer, in Wasser schwer löslicher Feststoff, der sich ab Temperaturen von 800 °C unter Bildung von Calciumoxid und Schwefeltrioxid zersetzt. Die Abgabe von Kristallwasser unter Bildung des Halbhydrats setzt bei einer Temperatur oberhalb von 100 °C ein; das Halbhydrat wandelt sich bei höheren Temperaturen unter Abspaltung von Kristallwasser in das Anhydrit um (siehe oben).

Sonstige anorganische Verbindungen Calciumcarbid (CaC₂) ist ein in reinem Zustand farbloser, kristalliner Stoff (Brauer 1978, S. 932), der bei einer Temperatur von 2160 °C schmilzt. Das im Handel befindliche Produkt ist aber meist durch beigemengte Kohle grauschwarz gefärbt, außerdem enthält es geringe Anteile an Calciumoxid, -phosphid und -sulfid sowie Siliciumverbindungen. Man gewinnt es technisch im Lichtbogenofen bei hoher Temperatur aus Calciumoxid und Kohle; dieses Verfahren erfordert einen sehr großen, mit entsprechenden Kosten verbundenen Strombedarf:

$$CaO + 3\,C \rightarrow CaC_2 + CO$$

Der Prozess des zur Gewinnung von Ethin (Acetylen) wichtigen Calciumcarbids könnte bald zumindest aus ökologischer Sicht günstiger werden, da dieses den Ersatz der Kohle durch Kunststoffabfälle vorsieht. Andere Herstellverfahren, wie das aus den Elementen Calcium und Kohle, sind zwar technisch möglich, aber unrentabel (Alz-Chem 2011).

Bei Kontakt mit Wasser zersetzt es sich schnell zu Ethin und Calciumhydroxid (Hauptmann 1985):

$$CaC_2 + 2\,H_2O \rightarrow C_2H_2 + Ca(OH)_2$$

Im Calciumcarbid vorhandene Verunreinigungen von Calciumphosphid bedingen die gleichzeitige Bildung des giftigen, knoblauchartig riechenden Monophosphans (PH_3). In den früher im Bergbau und an Fahrrädern gebräuchlichen Karbidlampen wurde Calciumcarbid in Wasser eingetragen, mit dem es sich zu Ethin umsetzte. Jenes wurde angezündet und brannte mit heller Flamme.

Heute noch bestimmt man mit Hilfe der unter Entwicklung von Ethin ablaufenden Hydrolyse von Calciumcarbid die Restfeuchte von Böden. Man füllt die Probe zusammen mit einer mit Calciumcarbid gefüllten Glasampulle sowie vier Stahlkugeln in eine genormte Stahlflasche und verschließt diese mit einem Manometerkopf. Die Flasche wird geschüttelt, wodurch die Probe weiter zerkleinert wird und die Glasampulle zerbricht. Der durch die Reaktion des so freigesetzten Calciumcarbids mit der Feuchtigkeit entstehende Gasdruck wird am Manometerkopf abgelesen und in den Feuchtegehalt umgerechnet (Carbid-Methode).

Salze mit organischen Säuren Eine ausführliche Beschreibung der bekannten Calciumsalze organischer Säuren, wie beispielsweise Calciumacetat, -citrat, -gluconat und -lactat, würde den Rahmen dieses Buches sprengen. Daher verweise ich an dieser Stelle auf Lehrbücher wie Gmelin, Beilstein, Römpp etc.

Anwendungen Metallisches Calcium setzt man in einigen metallurgischen Prozessen als Reduktionsmittel ein, beispielsweise zur Gewinnung höherwertiger Übergangs- (Thorium, Yttrium, Titan, Zirkonium, Hafnium) und Seltenerdmetalle, als sauerstoffbindender Legierungszusatz in Aluminium-, Beryllium-, Kupfer-, Blei- und Magnesiumlegierungen.

Am wichtigsten ist aber die Nutzung von Verbindungen des Calciums. Kalkstein ($CaCO_3$) und Dolomit [$CaMg(CO_3)_2$] werden als Schlackebildner bei der Produktion von Stahl eingesetzt. Kreide ist ein Füllstoff für Kunststoffe, feinkörniges Calciumcarbonat ein hochwertiges Füllmaterial für holzfreies Papier. Feingemahlener Kalk ist ein Dünger für die Land- und Forstwirtschaft oder auch ein wichtiges Futtermittel für Haustiere.

Mögliche Einsatzgebiete anderer Calciumverbindungen wurden bereits bei deren Einzeldiskussion genannt.

Analytik Charakteristisch für Calcium ist die orange-rote Flammenfärbung, außerdem ist Calciumsulfat wie auch die Sulfate von Strontium, Barium und Radium schwer wasserlöslich. Ebenfalls schlecht in Wasser löslich sind das Calciumcarbonat, -oxalat- und -dichromat. Die Trennung der Erdalkalimetall-Kationen erfolgt innerhalb der Ammoniumcarbonatgruppe des Kationentrennganges. Die Bestimmungsgrenze des flammenphotometrischen Verfahrens liegt bei 100 µg/l (Cammann 2001).

Im menschlichen Blut kommt Calcium ausschließlich in ionisierter Form vor (Calvi und Bushinsky 2008), von dem etwa ein Drittel an Eiweiß gebunden ist. Der Gesamtcalciumgehalt liegt normalerweise bei 2,2–2,6 mmol/L. Die Analyse erfolgt meist mittels AAS, alternativ bzw. ergänzend auch mit Hilfe ionenselektiver Elektroden (Robertson und Marshall 1979; Renz 2003; Guder und Nolte 2005).

Physiologie Der menschliche Körper enthält etwa 1 kg Calcium. Fast die gesamte Menge hiervon befindet sich chemisch gebunden als Hydroxylapatit [$Ca_5(PO_4)_3(OH)$] in Knochen und Zähnen. Calcium verleiht diesen Festigkeit, bei Calciummangel wird das Element jedoch aus diesen gelöst und für andere im Organismus anfallenden Aufgaben genutzt (Osteoporose). Calciumionen beteiligen sich an der Erregung von Muskeln und Nerven, dem Glykogen-Stoffwechsel, der Zellteilung und auch an einigen Enzymen und Hormonen. Nur ca. 50 % des extrazellulären Calciums liegt in frei ionisierter und damit in biologisch aktiver Form vor (Calvi und Bushinsky 2005).

Zur Prävention der Osteoporose trägt eine vermehrte Calcium-Aufnahme von etwa 1 g/Tag bei. Jedoch ist die Lebensführung mitentscheidend für das Ausmaß einer eventuell im Alter auftretenden Osteoporose, die unabhängig vom Anteil an Milchprodukten an der täglichen Nahrung durch Alkohol- und starken Kaffeekonsum begünstigt wird. Vitamin D unterstützt dagegen den Einbau von Calciumionen in die Knochensubstanz (Institute of Medicine 2010; Weaver et al. 1999; Heaney et al. 1989, 1996; Barrett-Connor 1994). Die Auswirkung hoher Konzentrationen an Calcium auf Herzkrankheiten wird noch diskutiert (Gamble und Reid 2010; Nordin et al. 2010; Korownyk et al. 2011; Xiao et al. 2013; Bolland et al. 2010).

5.4 Strontium

Symbol	Sr		
Ordnungszahl	38		
CAS-Nr.	7440-24-6		

Aussehen	Silbrig-weiß, metallisch glänzend	Srontium, unter Argon (Zepper 2007)	Strontum, Stücke (Sicius 2015)
Entdecker, Jahr	Cruickshank (Vereinigtes Königreich), 1787 Crawford (Vereinigtes Königreich), 1790 Davy (Vereinigtes Königreich), 1808		
Wichtige Isotope [natürliches Vorkommen (%)]	Halbwertszeit (a)	Zerfallsart, -produkt	
$^{84}_{38}$Sr (0,56)	Stabil	----	
$^{86}_{38}$Sr (9,86)	Stabil	----	
$^{87}_{38}$Sr (7,00)	Stabil	----	
$^{88}_{38}$Sr (82,58)	Stabil	----	
Massenanteil in der Erdhülle (ppm)	140		
Atommasse (u)	87,62		
Elektronegativität (Pauling ♦ Allred&Rochow ♦ Mulliken)	0,95 ♦ K. A. ♦ K. A.		
Normalpotential für: $Sr^{2+}+2\,e^->Sr$ (V)	−2,89		
Atomradius (pm)	200		
Van der Waals-Radius (berechnet, pm)	249		
Kovalenter Radius (pm)	195		
Ionenradius (Sr^{2+}, pm)	113		
Elektronenkonfiguration	$[Kr]5s^2$		
Ionisierungsenergie (kJ/mol), erste ♦ zweite	550 ♦ 1064		
Magnetische Volumensuszeptibilität	$3,5 \cdot 10^{-5}$		
Magnetismus	paramagnetisch		
Kristallsystem	kubisch-flächenzentriert		
Elektrische Leitfähigkeit([A/(V · m)], bei 300 K)	$7,41 \cdot 10^6$		
Elastizitäts- ♦ Kompressions- ♦ Schermodul (GPa)	15,7 ♦ 12 ♦ 6,1		
Vickers-Härte ♦ Brinell-Härte (MPa)	Keine Angabe ♦ 50–440		
Mohs-Härte	1,5		

Schallgeschwindigkeit (m/s, bei 298 K)	2760 (longitudinal)
	1530 (transversal)
Dichte (g/cm³, bei 293,15 K)	2,64
Molares Volumen (m³/mol, im festen Zustand)	$33,94 \cdot 10^{-6}$
Wärmeleitfähigkeit ([W/(m · K)])	35
Spezifische Wärme ([J/(mol · K)])	26,4
Schmelzpunkt (°C ♦ K)	777 ♦ 1050
Schmelzwärme (kJ/mol)	8
Siedepunkt (°C ♦ K)	1380 ♦ 1653
Verdampfungswärme (kJ/mol)	141

Vorkommen Strontium hat einen Anteil von 370 ppm an der kontinentalen Erdkruste (Lide 2010) und ist somit auf der Erde relativ häufig. Auch im Meerwasser ist
es nicht selten. Wegen seiner hohen Reaktivität kommt es nur in chemisch gebundener Form vor. Die wichtigsten Minerale sind Strontiumsulfat ($SrSO_4$, Coelestin)
und Strontiumcarbonat ($SrCO_3$, Strontianit). Insgesamt kennt man aktuell rund
200 strontiumhaltige Minerale, wobei sich die wichtigsten Fund- und Abbauorte
in Spanien, Mexiko, der Türkei, China und im Iran befinden. Die britischen Minen
waren ab 1992 erschöpft. Die weltweite jährliche Fördermenge an Strontiummine-
ralen liegt in der Größenordnung von 0,5 Mio. t (Macmillan et al. 2005).

Gewinnung: Meist setzt man Strontiumsulfat (Coelestin) mit Kohlenstoff bei
Temperaturen oberhalb von 1100 °C um (Eq. 5.15 Dabei entsteht Strontiumsulfid,
das in der Regel mit heißem Wasser ausgelaugt und anschließend mit Kohlendioxid bzw. Natriumcarbonat umgesetzt wird (Eq. 5.16), je nachdem wie verkäuflich
die Nebenprodukte sind:

$$SrSO_4 + 2\,C \rightarrow SrS + 2\,CO_2 \qquad (5.15)$$

$$SrS + Na_2CO_3 \rightarrow SrCO_3 + Na_2S \text{ oder}$$
$$SrS + CO_2 + H_2O \rightarrow SrCO_3 + H_2S \qquad (5.16)$$

Strontiumcarbonat wird dann zum Oxid (SrO) geglüht, das dann mit Aluminium
im Vakuum zu metallischem Strontium reduziert wird. Dieses destilliert man ab
und fängt es in Kühlern in flüssiger Form auf:

$$3\,SrO + 2\,Al \rightarrow 3\,Sr + Al_2O_3$$

Eigenschaften Strontium ist ein typisches Erdalkalimetall, hellgoldgelb glänzend
(Holleman et al. 2007, S. 1238), weich (Mohs-Härte: 1,5) und sehr reaktionsfähig.

Sein Schmelzpunkt (777 °C) liegt zwischen dem des höher schmelzenden Calciums und dem des bei tieferer Temperatur schmelzenden Bariums. Sein Siedepunkt liegt mit 1380 °C nur etwas höher als die des Magnesiums und des Radiums. Mit einer Dichte von 2,6 g/cm^3 zählt es zu den Leichtmetallen. Strontium lässt sich als weiches Metall leicht biegen oder walzen. Es kristallisiert wie Calcium bei Raumtemperatur im kubisch-flächenzentrierten Gitter. Oberhalb einer Temperatur von 215 °C geht diese Struktur in eine hexagonal-dichteste Kugelpackung über, und oberhalb einer Temperatur von 605 °C ist die kubisch-innenzentrierte Struktur am beständigsten (Schubert 1974).

Davy stellte es 1808 erstmals durch Elektrolyse dar, wenngleich noch in verunreinigtem Zustand. 1855 erzeugte es Bunsen dann in reiner Form.

Nach Radium und Barium ist Strontium das reaktionsfähigste Erdalkalimetall und reagiert direkt und heftig mit Halogenen, Sauerstoff, Schwefel und auch Stickstoff. In seinen Verbindungen liegt es immer in der Oxidationsstufe + 2 vor. Wird es an der Luft erhitzt, verbrennt es mit der charakteristischen karminroten Flammenfärbung zu Strontiumoxid und -nitrid. Mit Wasser reagiert es stürmisch unter Bildung von Strontiumhydroxid und Wasserstoff, auch an feuchter Luft erfolgt schnelle Korrosion:

$$Sr + 2\,H_2O \rightarrow Sr(OH)_2 + H_2 \uparrow$$

Chemisch und physiologisch verhält sich Strontium ähnlich zu Calcium und bildet jeweils ein schwerlösliches Carbonat, Sulfat, Fluorid und Oxalat.

Strontium-90 ($^{90}_{38}Sr$) Von den insgesamt 32 Isotopen des Elements kommen vier natürlich vor ($^{84}_{38}Sr$, $^{86}_{38}Sr$, $^{87}_{38}Sr$ und $^{88}_{38}Sr$), wobei Letzteres eindeutig den größten Anteil repräsentiert (Audi et al. 2005). Das Isotop $^{90}_{38}Sr$ wird innerhalb kurzer Zeit durch mehrfachen β-Zerfall aus primären Spaltprodukten der Massenzahl 90 gebildet, die bei Kernspaltungen des Isotops $^{235}_{92}U$ in Kernkraftwerken (Volkmer 1996) und Atombombenexplosionen auftreten. Das macht es zu einem der am weitesten verbreiteten Spaltprodukte überhaupt (Heuel-Fabianek 2014). Es zerfällt unter β-Strahlung über $^{90}_{39}Y$ zum stabilen $^{90}_{40}Zr$.

Bei allen in Kernkraftwerken registrierten Unfällen gelangt immer auch $^{90}_{38}Sr$ in die Umwelt (Bonka und Narroq 2011). Bei der Katastrophe von Tschernobyl wurde eine Radioaktivität von 800 TBq (!) freigesetzt, die nur auf die Emission dieses Strontiumisotops zurückzuführen war. Auch der Reaktorunfall in Fukushima 2011 setzte erhebliche Mengen des Isotops in die Umwelt frei. Bereits die in den 1950er und 1960er Jahren durchgeführten Atomwaffentests führten zu einem deutlichen Anstieg des Gehaltes von $^{90}_{38}Sr$ in der Atmosphäre. Nachdem oberirdische Kernwaffenversuche daraufhin verboten wurden, sank die hierdurch hervorgerufene Aktivität wieder. Die allein auf $^{90}_{38}$Sr zurückzuführende Radioaktivität, die über alle Jahre hinweg durch Kernwaffen kumuliert freigesetzt wurde, liegt bei ca. 6 · 10^{17} Bq (Goldblat und Cox 1988).

Die Aufnahme von $^{90}_{38}$Sr ist für Wirbeltiere sehr gefährlich. Das Isotop wird wegen seiner Ähnlichkeit zu Calcium bevorzugt in Knochen eingelagert und kann dort durch seine starke Strahlung Knochentumore oder Leukämie auslösen. $^{90}_{38}$Sr kann nicht durch Komplexbildner aus den Knochen entfernt werden, weil jene bevorzugt Calciumionen binden und das $^{90}_{38}$Sr im Knochen verbleibt (Goldblat und Cox 1988). Nur eine schnelle Behandlung mit Bariumsulfat kann zum Erfolg führen; jenes nimmt dann das $^{90}_{38}$Sr auf und lässt es erst gar nicht in die Blutbahn gelangen (Nürnberg und Surmann 1991). Auch die durch biologische Prozesse bewirkte Ausscheidung des $^{90}_{38}$Sr verläuft sehr langsam (Diehl 2003).

Der Einbau von Isotopen des Strontiums in Knochen und Zähne ist stark von den äußeren Bedingungen abhängig. Das Mengenverhältnis der Isotope $^{86}_{38}$Sr und $^{87}_{38}$Sr ist für diverse Gesteine jeweils unterschiedlich. Die Summierung dieser Faktoren erlaubt unter Umständen, Wanderungen prähistorischer Menschen oder Tiere zu verfolgen (Prohaska et al. 2006).

Die von $^{90}_{38}$Sr und $^{90}_{39}$Y emittierte β-Strahlung nutzt man in Radionuklidbatterien aus, ebenso zur Dickenmessung von Materialien oder zum Kalibrieren von Geigerzählern (Goldblat und Cox 1988).

Verbindungen

Verbindungen mit Halogenen Mit den Halogenen Fluor, Chlor, Brom und Iod bildet Strontium jeweils Halogenide der Formel SrX_2. Es sind mit Ausnahme von Strontiumfluorid gut wasserlösliche und farblose Salze, die durch Reaktion von Strontiumcarbonat mit der jeweiligen Halogenwasserstoffsäure dargestellt werden können.

Strontiumfluorid (SrF_2) ist das Analogon zu Calciumfluorid (Flussspat, CaF_2) und ein weißer, kristalliner (Bytheway et al. 1995), spröder Feststoff, der bei 1473 °C schmilzt (Kojima et al. 1968, S. 2968 ff.); der Siedepunkt des flüssigen Salzes liegt bei einer Temperatur von 2489 °C. Man stellt es aus Strontiumcarbonat und Flusssäure (Eq. 5.17) oder aber aus Strontiumchlorid mit Fluor (Eq. 5.18) dar:

$$SrCO_3 + H_2F_2 \rightarrow SrF_2 + CO_2 + H_2O \qquad (5.17)$$

$$SrCl_2 + F_2 \rightarrow SrF_2 + Cl_2 \qquad (5.18)$$

Die Verbindung hat eine sehr geringe Löslichkeit in Wasser (0,12 g/l) und wirkt gesundheitsschädlich. Kristalle besitzen eine gute Durchlässigkeit für das sichtbare

Licht, weshalb es in der optischen Industrie als Beschichtung für Linsen eingesetzt wird, um Lichtreflexe zu vermindern. Zudem dient es als Kristall in Thermolumineszenzdosimetern. Weiterhin findet es Anwendung als Träger für das Isotop $^{90}_{38}$Sr, das in Radionuklidbatterien eingesetzt wird.

Strontiumchlorid ($SrCl_2$) bildet farblose, hygroskopische Kristalle, die aber, wenn sie längere Zeit an der Luft gelagert werden, verwittern, also ihr Kristallwasser abgeben. Dieser Prozess wird durch Erhitzen auf eine Temperatur von 60 °C begünstigt. Es schmilzt in wasserfreiem Zustand bei 873 °C. Seine wässrige Lösung schmeckt scharf und bitter. Man erzeugt es aus den Mineralien Cölestin ($SrSO_4$) oder Strontianit ($SrCO_3$) durch Zugabe von Salzsäure (HCl).

Strontiumchlorid setzt man vor allem zur Rotfärbung von Feuerwerk ein, auch verwendet man es gelegentlich bei der Herstellung von Gläsern und in der Metallurgie.

In einigen Zahncremes ist es Bestandteil zur Kräftigung der Zahnhälse und gegen Parodontose. Radioaktives $^{90}_{38}$Sr enthaltendes Strontiumchlorid setzt man in der Strahlentherapie gegen Tumore ein.

Strontium stärkt das Skelett einiger Korallenarten und wird deshalb in Aquarien gelegentlich gezielt zugesetzt (Gehrmann 2010). Zu beachten ist dabei aber, dass Strontium gegenüber anderen Wasserorganismen unter Umständen stark toxisch wirkt (Aquarist Mgazine 2014).

Strontiumbromid ($SrBr_2$) erzeugt man wie andere Strontiumhalogenide aus dem Carbonat oder Hydroxid durch Zugabe der entsprechenden Halogenwasserstoffsäure.

$$Sr(OH)_2 + 2\,HBr \rightarrow SrBr_2 + 2\,H_2O$$

Es ist sehr gut löslich in Wasser; schon bei einer Temperatur von 0 °C lösen sich 852 g und bei 100 °C sogar 2225 g (!) (5). Das kristallwasserhaltige, bei Raumtemperatur aus wässrigen Lösungen erzeugte Salz lässt sich durch Erhitzen auf 180 °C entwässern. Es ist auch in Ethanol löslich (8). Strontiumbromid wirkt wie andere Bromide beruhigend, jedoch setzt man es nicht mehr zu diesem Zweck ein (Uferer und Hückel 2000).

Verbindungen mit Chalkogenen Strontiumoxid (SrO) erzeugt man durch Erhitzen von Strontiumcarbonat (Strontianit) auf Temperaturen von ca. 1300 °C, wobei Kohlendioxid frei wird. Die Kristallstruktur des Strontiumoxids wurde eingehend untersucht (Sato und Jeanloz 1981). Mit Wasser reagiert es unter starker Wärmeentwicklung zu Strontiumhydroxid; ein Gemisch mit Aluminiumgrieß reagiert bei hoher Temperatur zu elementarem Strontium.

Man setzt es zur Produktion spezieller Gläser ein; vor langem fand es auch Verwendung in der Lebensmittelindustrie [Strontianverfahren der Herstellung von Rübenzucker (Ost 1890)].

Strontiumsulfid (SrS), ein weißer, hochschmelzender (2226 °C) und hydrolyseempfindlicher Feststoff, ist durch Reduktion von Strontiumsulfat mit Kohle zugänglich (Ropp 2012):

$$SrSO_4 + 2\,C \rightarrow SrS + 2\,CO_2$$

Ebenso ist es im Labor durch Umsetzung von Strontiumcarbonat mit einem Gemisch aus Schwefelwasserstoff und Wasserstoff (Brauer 1978, S. 927) oder direkt aus den Elementen unter Inertgasatmosphäre herstellbar (Ropp 2012):

$$SrCO_3 + H_2S \rightarrow SrS + H_2O + CO_2 \qquad Sr + S \rightarrow SrS$$

Es wird in Nachleuchtfarben eingesetzt, da es unter Aussendung blaugrünen Lichts phosphoresziert (Lautenschläger und Schröder 2008). In einigen Enthaarungsmitteln ist es ebenfalls enthalten (Krebs 2006).

Verbindungen mit Sauerstoffsäuren Aus technischer Sicht wichtig sind die Verbindungen Strontiumcarbonat, -nitrat, -sulfat und -chromat. Das aus natürlich vorkommendem Coelestin (*Strontiumsulfat, SrSO_4*) erzeugte *Strontiumcarbonat (SrCO_3)* ist Ausgangsmaterial zur Herstellung vieler anderer Verbindungen des Strontiums. Aus Strontiumcarbonat erzeugt man Ferritmagnete wie Strontiumferrit. Vor allem aber geht es in Röntgenstrahlen absorbierende Beschichtungen von Kathodenstrahlröhren in Fernsehschirmen älterer Bauart. In den mittlerweile verbreiteten Plasma- und LED-Bildschirmen stellt sich die Frage der eventuellen Bildung von Röntgenstrahlen jedoch nicht, so dass hier kein Einsatz eines Strahlenfängers wie Strontiumcarbonat erforderlich ist. Außerdem wird es in Glasuren und in der Pyrotechnik eingesetzt.

Strontiumchromat (SrCrO_4) ist ein Bestandteil von Grundierungen, die gegen Korrosion von Aluminium im Flugzeug- oder Schiffbau aufgebracht werden (Brock et al. 2000).

Strontiumsulfat (SrSO_4) kann durch Zugabe einer wässrigen Lösung von Natriumsulfat zu einer wässrigen Lösung von Strontium hergestellt werden. Es ist ein farbloser, weißer Feststoff, der sich ab Temperaturen von etwa 1600 °C zersetzt. Strontiumsulfat setzt man gleichfalls in der Pyrotechnik, der Analytik und als Farbpigment ein.

Anwendungen Für Strontium und seine Verbindungen gibt es nur wenige Anwendungen, hauptsächlich für Strontiumcarbonat in Kathodenstrahlröhren, in der Pyrotechnik, zur Herstellung von Dauermagneten und bei der Verhüttung von Aluminium.

Bei der Herstellung von aus Aluminium und Silicium bestehenden Legierungen (Gehalt an Silicium: 7–12 %) setzt man geringe Mengen an Strontium zu, um die mechanischen Eigenschaften der Legierung zu verbessern und auch den Schmelzpunkt der Mischung noch weiter zu senken. Für diese Anwendung wurde früher Natrium eingesetzt, jedoch ist Strontium besser geeignet, da es nicht so leicht oxidierbar ist und die Schmelzen unter Umständen längere Zeit flüssig gehalten werden müssen. Dies gilt zumindest für den Sandguss, nicht so sehr für den Druckguss, da jene Schmelzen meist schnell zur Erstarrung gebracht werden (Brunhuber und Hasse 1997).

Ebenso setzt man Strontium Ferrosilicium zu, da es ein gleichmäßiges Erstarren beim Gießen gewährleistet. Als Sauerstofffänger (Getter) ist Strontium in Elektronenröhren im Einsatz, außerdem reagiert es mit im Stahl enthaltenem Schwefel und Phosphor und entfernt diese Verunreinigungen somit.

Toxizität Strontium ähnelt in seinen Eigenschaften Calcium zwar sehr, weist wegen seines größeren Ionenradius aber doch zu diesem unterschiedliche physiologische Eigenschaften auf. Es wird vom Körper in wesentlich geringeren Mengen über den Verdauungstrakt aufgenommen. Enthält der menschliche Körper etwa 1 kg Calcium in chemisch gebundener Form, so beträgt der Gehalt des Körpers an Strontium deutlich weniger als 1 g, und es befindet sich wie Calcium vor allem in den Knochen (Nielsen 2004). Strontium ist kein essenzielles Element.

Gegenstand der Forschung sind Untersuchungen, inwieweit ein Zusatz von Strontium zu Zahnpasten Karies hemmen kann (Lippert und Hara 2013; Hellwege 2003). Ebenso testet man Salze des Strontiums mit bestimmten organischen Säuren (z. B. Malonsäure oder Ranelicsäure) als Wirkstoffe gegen Osteoporose (Meunier et al. 2004).

Das radioaktive Isotop $^{89}_{38}Sr$ setzt man in Form seines Chlorids unter dem Handelsnamen Metastron® zur Behandlung von Schmerzen ein, die durch das Vorhandensein von Knochenmetastasen hervorgerufen werden, dies in einer allgemein angewandten Dosis von 150 MBq. Es wird berichtet, dass die radioaktive Wirkung dieses Isotops auch eine direkte Wirkung auf die Tumore hat, diese beruhen aber auf einer zu geringen Zahl von Berichten, als dass sich hieraus statistisch belastbare Ergebnisse ableiten lassen.

Wurde in Versuchen mit Schweinen das im Futter enthaltene Calcium durch Strontium ersetzt, so zeigten die Tiere Schwächung, Lähmungssymptome und Koordinationsstörungen, ein Beleg dafür, dass Strontium die physiologische Wirkung des Calciums bei Säugetieren längst nicht in vollem Umfang wahrnehmen kann (Bartley und Reber 1961).

5.5 Barium

Symbol	Ba		
Ordnungszahl	56		
CAS-Nr.	7440-39-3		

Aussehen	Weißgrau, metallisch glänzend	Barium, Stück (Hi-Res Images of Chemical Elements 2010	Barium, Stücke (Sicius 2015)
Entdecker, Jahr	Scheele (Schweden), 1774 Davy (Vereinigtes Königreich), 1808		
Wichtige Isotope [natürliches Vorkommen (%)]	Halbwertszeit	Zerfallsart, -produkt	
$^{134}_{56}$Ba (2,417)	Stabil	-----	
$^{135}_{56}$Ba (6,592)	Stabil	-----	
$^{136}_{56}$Ba (7,854)	Stabil	-----	
$^{137}_{56}$Ba (11,23)	Stabil	-----	
$^{138}_{56}$Ba (71,7)	Stabil	-----	
Massenanteil in der Erdhülle (ppm)	260		
Atommasse (u)	137,327		
Elektronegativität (Pauling ♦ Allred&Rochow ♦ Mulliken)	0,89 ♦ k.A. ♦ K. A.		
Normalpotential für: $Ba^{2+} + 2\,e^- > Ba$ (V)	−2,92		
Atomradius (pm)	215		
Van der Waals-Radius (berechnet, pm)	268		
Kovalenter Radius (pm)	215		
Ionenradius (Ba^{2+}, pm)	135		
Elektronenkonfiguration	[Xe] $6s^2$		
Ionisierungsenergie (kJ/mol), erste ♦ zweite	503 ♦ 965		
Magnetische Volumensuszeptibilität	$6,8 \cdot 10^{-6}$		
Magnetismus	Paramagnetisch		
Kristallsystem	Kubisch-raumzentriert		
Elektrische Leitfähigkeit([A/(V · m)], bei 300 K)	$2,94 \cdot 10^6$		
Elastizitäts- ♦ Kompressions- ♦ Schermodul (GPa)	13 ♦ 9,6 ♦ 4,9		

Vickers-Härte ♦ Brinell-Härte (MPa)	Keine Angabe
Mohs-Härte	1,25
Schallgeschwindigkeit (m/s, bei 293,15 K):	1620
Dichte (bei 293,15 K)	3,62
Molares Volumen (m³/mol, im festen Zustand)	$38,16 \cdot 10^{-6}$
Wärmeleitfähigkeit ([W/(m · K)])	18
Spezifische Wärme ([J/(mol · K)])	28,07
Schmelzpunkt (°C ♦ K)	727 ♦ 1000
Schmelzwärme (kJ/mol)	8,0
Siedepunkt (°C ♦ K)	1637 ♦ 1910
Verdampfungswärme (kJ/mol)	149

Vorkommen Das sehr reaktionsfähige Barium kommt in der Natur nicht elementar, sondern nur in Form seiner Verbindungen vor. Erstaunlich hoch ist sein Anteil mit 260 ppm an der Erdhülle und sogar mit 390 ppm in der Erdkruste, der es immerhin zum vierzehnthäufigsten Element macht (Greenwood und Earnshaw 1988).

An Bariummineralien findet man vorwiegend Baryt (Schwerspat, Bariumsulfat) und Witherit (Bariumcarbonat). Schwerspat baut man bergmännisch ab; die jährliche Weltproduktion dürfte sich aktuell und hochgerechnet auf rund 7 Mio. t belaufen bei geschätzten weltweit vorhandenen Reserven von 2 Mrd. t (Miller 2008). In Deutschland befinden sich nennenswerte Vorkommen beispielsweise in Osthessen, im Sauerland und im Harz, womit Deutschland neben China, Mexiko, Indien, Türkei, USA, Tschechien, Marokko, Irland, Italien und Frankreich zu den wichtigen Produktionsländern für Schwerspat gehört.

Gewinnung 1808 stellte Davy erstmals metallisches Barium, wenn auch noch in unreiner Form, her, indem er ein geschmolzenes Gemisch von Bariumsalzen elektrolysierte. Erst wesentlich später gelang die Reindarstellung durch Bunsen und Matthiessen, indem sie ein aus Bariumchlorid und Ammoniumchlorid bestehendes Gemisch einer Schmelzelektrolyse unterwarfen. Nur ein kleiner Teil der großen Jahresweltproduktion von Schwerspat (siehe oben) wird zu metallischem Barium umgesetzt, da dieses Verfahren energieintensiv und damit teuer ist. Die meisten technischen Anwendungen liegen ohnehin für Verbindungen des Bariums vor und nicht für das Metall selbst.

Schwerspat (Bariumsulfat) wird mit Kohle zu Bariumsulfid reduziert (Eq. 5.19), das man darauf unter Einwirkung von Kohlensäure zu Bariumcarbonat umsetzt (Eq. 5.20). Jenes wird durch Glühen in Bariumoxid überführt (Eq. 5.21), das anschließend im Vakuum bei einer Starttemperatur von 1200 °C mit Aluminium zu Barium und Aluminiumoxid umgesetzt wird (Eq. 5.22). Dabei destilliert Barium ab und wird in flüssiger Form in Kühlern aufgefangen:

$$BaSO_4 + 2\,C \rightarrow BaS + 2\,CO_2 \qquad (5.19)$$

$$BaS + H_2O + CO_2 \rightarrow BaCO_3 + H_2S \qquad (5.20)$$

$$BaCO_3 \rightarrow BaO + CO_2 \qquad (5.21)$$

$$3\,BaO + 2\,Al \rightarrow 3\,Ba + Al_2O_3 \qquad (5.22)$$

Falls sehr reines Barium benötigt wird, wendet man die Schmelzflusselektrolyse geschmolzenen Bariumchlorids an und destilliert oder sublimiert das Metall dann im Hochvakuum.

Eigenschaften Barium glänzt silbrig-weiß metallisch, läuft an der Luft aber infolge Reaktion mit Luftsauerstoff sehr schnell matt an. Beim Erhitzen an der Luft können sich auch Stücke des Metalls entzünden und verbrennen dann zu Bariumoxid. Wasserlösliche Bariumverbindungen sind im Unterschied zu denen des homologen Calciums hochgiftig.

Barium kristallisiert kubisch-raumzentriert. Seine Verbindungen färben die Flamme des Bunsenbrenners grün (Wellenlänge der emittierten Spektrallinien: 524,2/513,7 nm). Barium hat eine für Erdalkalimetalle bereits hohe Dichte von 3,62 g/cm³ (20 °C), ist damit aber noch ein Leichtmetall. Mit einer Mohs-Härte von 1,25 ist es das weichste Erdalkalimetall (Kresse 2007; Sitzmann 2007).

Barium ähnelt in seinen chemischen Eigenschaften Strontium und Calcium, ist aber noch reaktiver als diese. Darauf weist schon sein stark negatives Redoxpotential ($-2,912$ V) hin. Es reagiert heftig mit Wasser, Luft, Halogenen sowie Schwefel und löst sich leicht in Säuren. Nur in konzentrierter Schwefelsäure verdankt es der Bildung einer schützenden Passivschicht von Bariumsulfat, dass die zunächst einsetzende Auflösungsreaktion

$$Ba + H_2SO_4 \rightarrow BaSO_4 + H_2 \uparrow$$

bald zum Erliegen kommt. In seinen Verbindungen tritt es immer mit der Oxidationsstufe $+2$ auf. Als insgesamt sehr unedles Metall muss es unter inerten Schutzflüssigkeiten oder unter Argon aufbewahrt werden.

Verbindungen
Verbindungen mit Halogenen Bei der Zugabe von Fluoriden zu wässrigen Lösungen von Bariumsalzen fällt *Bariumfluorid (BaF₂)* aus diesen aus, da es sehr schwer wasserlöslich ist (Holleman et al. 2007, S. 1241):

$$Ba^{2+} + 2\,F^- \rightarrow BaF_2 \downarrow$$

Auch Bariumfluorid kristallisiert in der Fluoritstruktur und besitzt die für ein Erd-
alkalisalz ungewöhnlich hohe Dichte von 4,89 g/cm^{3}und einen Schmelzpunkt von
1368 °C (Kojima et al. 1968). Unter hohem Druck wandelt sich die Struktur des
Kristallgitters um (Leger et al. 1995); in der Gasphase ist das BaF$_2$-Molekül gewin-
kelt und nicht linear (Seijo et al. 1991). Über einen weiten Wellenlängenbereich
hinweg (150–15.000 nm) sind Einkristalle aus Bariumfluorid lichtdurchlässig; somit werden sie in optischen Apparaturen eingesetzt. Man verwendet Bariumfluorid
ferner als Flussmittel bei der Gewinnung von Leichtmetallen und deren Legierungen sowie auch bei der Herstellung von Emaille. Mit Lanthanoid-Kationen dotiertes Bariumfluorid dient als Lasermaterial (Sitzmann 2014).

   Bariumchlorid (BaCl$_2$) ist auf allen gängigen Wegen der Salzbildung zugänglich, wie beispielsweise der Auflösung von Barium oder seinen Verbindungen in
Salzsäure (Ausnahme: Bariumsulfat reagiert nicht mit Salzsäure) oder aber direkt
aus den Elementen Barium und Chlor in heftiger Reaktion. Es ist ein farbloses,
kristallines, leicht wasserlösliches Pulver und schmilzt bei einer Temperatur von
963 °C. Infolge seiner guten Löslichkeit in Wasser wirkt es auf Menschen giftig
und wurde früher als Rattengift eingesetzt (Schmuck et al. 2008).

   Heutige Einsatzgebiete sind die Pyrotechnik (grüne Färbung der Flamme) und
als Ausgangsmaterial zur Herstellung der Weißpigmente Bariumsulfat bzw. Litho-
pone (Bariumsulfat und Zinksulfid) sowie Bariumchromat.

Verbindungen mit Chalkogenen Bariumoxid (BaO) adsorbiert schnell und unter
Freisetzung von Wärme Wasser und Kohlendioxid. Das aus ihm herstellbare
Bariumperoxid (BaO$_2$) setzt man in der Pyrotechnik ein. Löst man Bariumoxid
in Wasser, so entsteht die wässrige Lösung des stark basischen *Bariumhydroxids
[Ba(OH)$_2$]*. Dieses bildet bei Kontakt mit Kohlendioxid das schwer wasserlösliche *Bariumcarbonat (BaCO$_3$)*, das aus der Lösung als Niederschlag ausfällt und
als unspezifischer Nachweis sowohl für Carbonat als auch Barium dient. Bariumcarbonat ist Komponente in Beschichtungen von in Fernsehgeräten und Compu-
termonitoren eingebauten Kathodenstrahlröhren, da es Röntgen- und γ-Strahlen
weitgehend absorbiert.

Sonstige Verbindungen Bariumsulfat (BaSO$_4$) ist sehr wenig wasserlöslich
(10^{-5} mol/L) und fällt bei der Zugabe von Sulfat zu wässrigen Lösungen von
Bariumsalzen als weißer Niederschlag aus. Diese Reaktion dient als sehr wichtiger
Nachweis für Barium, muss aber selbstverständlich durch Begleituntersuchungen

wie Atomabsorptionsspektroskopie abgesichert werden (Schweda 2012). Man nutzt es als Füllstoff oder Gewichtsverstärker in Farben, Kunststoffen und Kautschuk. Die Automobilindustrie setzt es auch in Bremsscheiben und Primern zur Korrosionsverhinderung ein. Es verstärkt die um Rohrleitungen (Pipelines) gelegte Betonhülle und ist Bestandteil von Formtrennmitteln. Wegen seines hohen Absorptionsvermögens für Röntgen- und γ-Strahlen ist es in Kompaktbeton enthalten, der zum Bau von Kernkraftwerken verwendet wird, und ist als Röntgenkontrastmittel verbreitet.

Anwendungen Die jährlich produzierte Menge metallischem Bariums beträgt nur wenige t, da man es lediglich als Gettersubstanz in Vakuumröhren und legiert mit Nickel in Zündkerzen oder legiert mit Blei in Lagermetallen zur Erhöhung der Härte verwendet.

Physiologische Wirkung und Toxizität Bestimmte Pflanzen wie die Paranuss können Barium in sehr großer Menge (bis zu einem Gehalt von 1 %!) anreichern. Nur für bestimmte Zieralgen ist Barium essenziell, auf Menschen und die meisten Säugetiere und Wasserorganismen wirkt es dagegen stark giftig. Ursache für diese toxische Wirkung ist, dass Bariumionen die passiven Kaliumkanäle in der Membran von Muskelzellen blockieren, so dass Kaliumionen nicht mehr aus den Muskelzellen herausgelangen können. Da aber ständig weiter Kalium in die Zellen gepumpt wird, sinkt der Kaliumspiegel im Blut, verbunden zunächst mit starker Erregung des Verdauungstraktes (Übelkeit, Erbrechen, Durchfall), danach erst gesteigerte Muskelaktivität, dann deren allmählicher Ausfall bis hin zur Atemlähmung (Morton 1945). Erste Hilfe beinhaltet die sofortige Verabreichung von Kaliumsulfatlösung (ggf. kombiniert mit Natriumsulfat), denn Sulfat fällt die Bariumionen aus und macht sie so unschädlich. Anschließend ist eine Dialysebehandlung im Krankenhaus erforderlich, um das restliche noch im Körper vorhandene Barium zu entfernen.

Wird die Ursache einer Bariumvergiftung nicht unmittelbar geeignet behandelt, so wirkt eine Dosis von 1–15 g, je nach Wasserlöslichkeit der Bariumverbindung, für den Menschen tödlich. Die maximale Arbeitsplatzkonzentration (MAK-Wert) liegt bei 0,5 mg/m^3.

5.6   Radium

Symbol	Ra		
Ordnungszahl:	88		
CAS-Nr.	7440-14-4		
Aussehen	Silbrig-weiß, metallisch		
Entdecker, Jahr	M. Curie (Polen) und P. Curie (Frankreich), 1898		
Wichtige Isotope [natürliches Vorkommen (%)]	Halbwertszeit	Zerfallsart, -produkt	
$^{226}_{88}$Ra (100)	1602a	$\alpha > ^{222}_{86}$Rn	
Massenanteil in der Erdhülle (ppm)	$9,5 \cdot 10^{-11}$		
Atommasse (u)	226,025		
Elektronegativität (Pauling ♦ Allred&Rochow ♦ Mulliken)	0,9 ♦ k. A. ♦ k. A.		
Normalpotential für: $Ra^{2+} + 2\,e^- > Ra$ (V)	$-2,916$		
Atomradius (pm)	215		
Van der Waals-Radius (berechnet, pm)	283		
Kovalenter Radius (pm)	221		
Ionenradius (Ra^{2+}, pm)	140		
Elektronenkonfiguration	$[Rn]\,7s^2$		
Ionisierungsenergie (kJ/mol), erste ♦ zweite	509 ♦ 979		
Magnetische Volumensuszeptibilität	$1,05 \cdot 10^{-6}$		
Magnetismus	Paramagnetisch		
Kristallsystem	Kubisch-raumzentriert		
Schallgeschwindigkeit (m/s, bei 273,15 K)	Keine Angabe		
Dichte (g/cm³, bei 293,15 K)	5,5		
Molares Volumen (m³/mol, im festen Zustand)	$41,09 \cdot 10^{-6}$		
Wärmeleitfähigkeit ([W/(m · K)])	19		
Spezifische Wärme ([J/(mol · K)])	21,26		
Schmelzpunkt (°C ♦ K)	700 ♦ 973		
Schmelzwärme (kJ/mol)	8		
Siedepunkt (°C ♦ K)	1737 ♦ 2010		
Verdampfungswärme (kJ/mol)	125		

Vorkommen Radium ist eines der seltensten natürlichen Elemente; sein Anteil an der Erdkruste beträgt etwa $7 \cdot 10^{-12}$%. Das Isotop $^{226}_{88}$Ra ist eines der direkten Zerfallsprodukte des Isotops $^{238}_{92}$U; daher ist der Gehalt an Radium in uranhaltigem Gestein proportional zu dem des Urans und beträgt etwa 0,3 g Radium/t Uran. Radium begleitet Uran also immer in seinen Erzen. $^{226}_{88}$Ra zerfällt aber selbst mit einer Halbwertszeit von 1602 a zu $^{222}_{86}$Rn.

Gewinnung 1918 stellte man in den USA 13,6 g Radium her (Viol 1919), heutzutage bewegt sich die Menge an reinen Radiumverbindungen um 100 g weltweit. Wichtigste Produktionsländer sind Belgien, Kanada, Tschechien, die Slowakei, das Vereinigte Königreich und die GUS-Staaten (Greenwood und Earnshaw 1997, S. 109–110).

Eigenschaften und Verbindungen Radiummetall ist weich, silberglänzend, chemisch sehr reaktionsfähig und bereits ein Schwermetall. Es reagiert schnell mit Sauerstoff und heftig sogar schon mit Wasser. Es tritt stets mit der Oxidationsstufe $+2$ auf. Es ähnelt dem leichteren Homologen Barium sehr und bildet wie dieses farblose Salze, von denen *Radiumsulfat (RaSO$_4$)*, *Radiumfluorid (RaF$_2$)* und *Radiumcarbonat (RaCO$_3$)* sehr schwer wasserlöslich sind. Radiumsalze verleihen der Flamme des Bunsenbrenners eine karminrote Färbung.

Radiumchlorid (RaCl$_2$) ist eine farblose, leuchtende Verbindung, die sich nach einiger Zeit gelb färbt, da sie durch die starke, von $^{226}_{88}$Ra ausgesandte α-Strahlung zersetzt wird. Radiumchlorid ist gut löslich in Wasser. *Radiumbromid (RaBr$_2$)* ist ebenfalls farblos und leuchtend; seine Löslichkeit in Wasser ist höher als die des Chlorids. Es kristallisiert aus wässriger Lösung wie das Chlorid in Form des Dihydrats. Radiumsulfat (RaSO$_4$) ist nur in einer Konzentration von 2,1 mg/L Wasser löslich und damit das am schwersten lösliche Metallsulfat überhaupt (Kirby und Salutsky 1964).

Anwendungen 2013 brachte Bayer HealthCare mit $^{223}_{88}$Ra-Radiumchlorid (Xofigo®) ein intravenös zu verabreichendes Mittel zur Behandlung einiger Formen des Prostatakrebses auf den Markt (Europäische Arzneimittel-Agentur 2013). Zur Tumortherapie setzt man längst weniger schädliche Substanzen ein.

Etwa 1500 Polonium-Beryllium-Neutronen-Quellen setzte man schon in der früheren Sowjetunion ein; Polonium hatte damals das Radium bereits verdrängt.

Physiologie und Toxizität Anfang des 20. Jahrhunderts galten Radium und seine Verbindungen als relativ harmlos und wurden zur Bekämpfung von Krebs oder auch zur Herstellung von im Dunkeln leuchtenden Beschichtungen wie beispielsweise von Uhrzeigern eingesetzt, ohne dass die damit Beschäftigten irgendeine Schutzausrüstung trugen. So erkrankten die Mitarbeiterinnen, die bei einem amerikanischen Unternehmen in Orange NJ die Zifferblätter von Uhren mit Radiumverbindungen bestrichen, öfters an Tumoren der Zunge und der Lippe, da sie mit ihrem Mund die Pinsel spitzten (Lambert 2001; Rowland 1994). Ebenso wurden Augen von Stofftieren mit diesen Produkten bestrichen. Bis Anfang der 1920er Jahre fanden sich Radiumverbindungen in winzigen Mengen in allen möglichen Verkaufsartikeln, sogar Gebäck (!), wieder. Über den Krebs des Kieferknochens

erschien 1925 eine Studie, deren Resultat war, dass Radiumverbindungen der Aus-
löser des Krebses waren (Martland und Humphries 1929). Entsprechend gab es bis
dahin zahlreiche Amputationen von vom Krebs befallenen Gliedmaßen oder auch
Todesfälle, die auf längeren Kontakt mit Radium zurückzuführen waren.

Radium wird im menschlichen Körper schnell aufgenommen und wie Calcium
in die Knochen eingebaut.

Die im Erzgebirge und Vogtland (Joachimsthal, Brambach, Oberschlema) seit
etwa 100 Jahren etablierten „Radiumbäder" (in denen eigentlich das Zerfallspro-
dukt des Radiums, Radon, das wirksame Prinzip ist) werben mit Radon-Mineral-
heilwasser als Mittel gegen rheumatische Erkrankungen des Skeletts.

Literatur

Alz-Chem AG, Carbid mit Kunststoffabfällen produzieren (BINE-Projektinfo 8/2011, Bundesministerium für Wirtschaft und Energie, Bonn, Deutschland, 2011)

G. Audi et al., The NUBASE evaluation of nuclear and decay properties. Nucl. Phys. A. **279**, 3–128 (2003)

C.H. Bamford, C.F.H. Tipper, *Reactions in the Solid State* (Elsevier, Amsterdam, 1980), S. 155, ISBN 0444418075

E. Barrett-Connor et al., Coffee-associated osteoporosis offset by daily milk consumption. The rancho bernardo study. J. Am. Med. Assoc. **271**(4), 280–283 (1994)

J.C. Bartley, E.F. Reber, Toxic effects of stable strontium in young pigs. J. Nutr. **75**, 21–28 (1961)

B. Blümer-Schwinum et al., *Hagers Handbuch der Pharmazeutischen Praxis* (Springer, Berlin, 1995), ISBN 978-3-642-63342-3

M.J. Bolland et al., Effect of calcium supplements on risk of myocardial infarction and cardiovascular events: meta-analysis. BMJ. **341**(29/1), c3691–c3691 (2010)

H. Bonka, J. Narroq, *Tschernobyl-Kernreaktorunfall*, *Römpp Online* (Georg Thieme, Stuttgart, zuletzt aktualisiert Dezember 2011). Zugegriffen: 3. Jan. 2015

G. Brauer, *Handbook of Preparative Inorganic Chemistry*, 2. Aufl., Bd. 1 (Academic Press, New York, 1963), S. 231–232

G. Brauer, *Handbuch der Präparativen Anorganischen Chemie*, 3. Aufl., Bd. I (Enke, Stuttgart, 1975), S. 890, ISBN 3-432-02328-6

G. Brauer, *Handbuch der Präparativen Anorganischen Chemie*, 4. Aufl., Bd. II (Enke, Stuttgart, 1978), S. 909, ISBN 3-432-87813-3

G. Brauer, *Handbuch der Präparativen Anorganischen Chemie*, 3. Aufl., Bd. II (Enke, Stuttgart, 1978), S. 911, ISBN 3-432-87813-3

G. Brauer, *Handbuch der Präparativen Anorganischen Chemie*, 3. Aufl., Bd. II (Enke, Stuttgart, 1978), S. 916, ISBN 3-432-87813-3

G. Brauer, *Handbuch der Präparativen Anorganischen Chemie*, 3. Aufl., Bd. II (Enke, Stuttgart, 1978), S. 927, ISBN 3-432-87813-3

G. Brauer, *Handbuch der Präparativen Anorganischen Chemie*, 3. Aufl., Bd. II (Enke, Stuttgart, 1978), S. 932, ISBN 3-432-87813-3

T. Brock et al., *Lehrbuch der Lacktechnologie* (Vincentz, Hannover, 2000), S. 155, ISBN 3-87870-569-7

© Springer Fachmedien Wiesbaden 2016
H. Sicius, *Erdalkalimetalle: Elemente der zweiten Hauptgruppe*, essentials,
DOI 10.1007/978-3-658-11878-5

E. Brunhuber, S. Hasse, *Gießerei-Lexikon*, 17. Aufl. (Verlag Schiele & Schön, Berlin, 1997), ISBN 3-7949-0606-3

I. Bytheway et al., Core distortions and geometries of the difluorides and dihydrides of Ca, Sr, and Ba. Inorg. Chem. **34**(9), 2407–2414 (1995)

L.M. Calvi, D.A. Bushinsky, When is it appropriate to order an ionized calcium? J. Am. Soc. Nephrol. **19**(7), 1257–1260 (2008)

K. Cammann, *Instrumentelle Analytische Chemie* (Spektrum Akademischer, Heidelberg, 2001), S. 4–60

L. Chandler, The James Webb Space Telescope: The Primary Mirror. Zugegriffen: 14. Aug. 2015

Committee to Review Dietary Reference Intakes for Vitamin D and Calcium, Food and Nutrition Board, *Dietary Reference Intakes for Calcium and Vitamin D* (Institute of Medicine, National Academy Press, Washington, DC, 2010)

M.A.J. Curran et al., High-resolution records of the beryllium-10 solar activity proxy in ice from Law Dome, East Antarctica: measurement, reproducibility and principal trends. Clim. Past **7**, 707–721 (Juli 2011)

M.J. Dagani et al., *Bromine Compounds, Ullmanns Enzyklopädie der Technischen Chemie* (Wiley-VCH, Weinheim, 2005), S. 22

J.F. Diehl, *Radioaktivität in Lebensmitteln* (Wiley-VCH, Weinheim, 2003), S. 24, ISBN 978-3-527-30722-7

C. Elschenbroich, *Organometallchemie*, 6. Aufl. (Vieweg + Teubner, Wiesbaden, 2008), ISBN 978-3-519-53501-0

Europäische Arzneimittel-Agentur, Xofigo. Radium-223-Dichlorid, EMA/579264/2013, EMEA/H/C/002653, 13. November 2013

K.D. Fine et al., Intestinal absorption of magnesium from food and supplements. J. Clin. Invest. **88**(2), 396–402 (1991)

R.C. Finkel, M. Suter, *AMS in the Earth Sciences: Technique and Applications, Advances in Analytical Geochemistry*, vol. 1 (JAI Press, Inc., Greenwich, 1993), S. 1–114, ISBN 1-55938-332-1

J. Forsgren et al., A template-free, ultra-adsorbing, high surface area carbonate nanostructure. PLoS ONE. (Public Library of Science) **8**, e68486 (2013)

F. Fritsch, Kalkung von Acker- und Grünland (Staatliche Pflanzenbauberatung Rheinland-Pfalz, DLR Rheinhessen-Nahe-Hunsrück, März 2007). Zugegriffen: 26. Mai 2011

K. Fujita et al., Magnesium-butadiene addition compounds: Isolation, structural analysis and chemical reactivity. J. Organomet. Chem. **113**(3), 201–213 (1976)

F. Gassmann, *Was ist los mit dem Treibhaus Erde* (Vdf Hochschulverlag an der ETH Zürich, Zürich, 1994), S. 63, ISBN 978-3-7281-1935-3

S. Gehrmann, *Die Fauna der Nordsee: Niedere Tiere. Weichtiere, Moostierchen, Nesseltiere* (BoD – Books on Demand/Selbstverlegt, 2010), S. 125, ISBN 398125532-1

J. Goldblat, D. Cox, *Nuclear Weapon tests: Prohibition or Limitation?* (Stockholm International Peace Research Institute) (Oxford University Press, Oxford, 1988), S. 83–85, ISBN 978-0-19-829120-6

S. Golf, Bioverfügbarkeit von organischen und anorganischen Verbindungen, Pharmazeutische Zeitung (Juli 2009). http://www.pharmazeutische-zeitung.de/index.php?id=29065. Zugegriffen: 21. Aug. 2015

N.N. Greenwood, A. Earnshaw, *Chemie der Elemente*, 1. Aufl. (VCH, Weinheim, 1988), S. 133, ISBN 3-527-26169-9

N.N. Greenwood, A. Earnshaw, *Chemistry of the Elements*, 2. Aufl. (Butterworth-Heinemann, Oxford, 1997), S. 109–110, ISBN 0080379419

W.G. Guder, J. Nolte, *Das Laborbuch für Klinik und Praxis*, 1. Aufl. (Elsevier, Urban und Fischer, München, 2005), ISBN 3-437-23340-8

A. Gust, *Entwicklung und Herstellung einer Einzelphotonenquelle auf Basis von II-VI-Halbleiter-Quantenpunkten* (Mensch-und-Buch-Verlag, Berlin, 2012)

S. Hauptmann, *Organische Chemie*, 2. Aufl. (VEB Deutscher Verlag für Grundstoffindustrie, Leipzig, 1985), S. 263, ISBN 3-342-00280-8

W.M. Haynes, D.R. Lide, T.J. Bruno, *CRC Handbook of Chemistry and Physics 2012–2013* (CRC Press, Boca Raton, 2012), S. 4–92, ISBN 143988049-2

R.P. Heaney, Bone mass, nutrition, and other lifestyle factors. Nutr. Rev. **54**(4/2), 3–10 (1996)

R.P. Heaney et al., Calcium absorption in women: relationships to calcium intake, estrogen status, and age. J. Bone Miner. Res. **4**(4), 469–475 (1989)

K.-D. Hellwege, *Die Praxis der zahnmedizinischen Prophylaxe: Ein Leitfaden für die Individualprophylaxe, Gruppenprophylaxe und Initiale Parodontaltherapie*, 6. Aufl. (Thieme, Stuttgart, 2003), S. 164, ISBN 978-3-13-127186-0

G. Herklotz et al., Feinstdraht aus einer Goldlegierung, Verfahren zu seiner Herstellung und seine Verwendung, Patentanmeldung DE19733954A1, angemeldet am 6. August 1997, veröffentlicht am 14. Januar 1999, Heraeus AG

B. Heuel-Fabianek, Partition Coefficients (Kd) for the Modelling of Transport Processes of Radionuclides in Groundwater, JÜL-Berichte, Forschungszentrum Jülich, **4375** (2014), ISSN 0944-2952

Hi-Res Images of Chemical Elements (2010) http://images-of-elements.com/beryllium. phpFoto „Beryllium"

Hi-Res Images of Chemical Elements (2015) http://images-of-elements.com/beryllium. phpFoto „Barium"

A.F. Holleman, E. Wiberg, N. Wiberg, *Lehrbuch der Anorganischen Chemie*, 101. Aufl. (De Gruyter, Berlin, 1995), S. 1108–1109, ISBN 3-11-012641-9

A.F. Holleman, E. Wiberg, N. Wiberg, *Lehrbuch der Anorganischen Chemie*, 101. Aufl. (De Gruyter, Berlin, 1995), S. 1121, ISBN 3-11-012641-9

A.F. Holleman, E. Wiberg, N. Wiberg, *Lehrbuch der Anorganischen Chemie*, 102. Aufl. (De Gruyter, Berlin, 2007), S. 1216, ISBN 978-3-11-017770-1

A.F. Holleman, E. Wiberg, N. Wiberg, *Lehrbuch der Anorganischen Chemie*, 102. Aufl. (De Gruyter, Berlin, 2007), S. 1233, ISBN 978-3-11-017770-1

A.F. Holleman, E. Wiberg, N. Wiberg, *Lehrbuch der Anorganischen Chemie*, 102. Aufl. (De Gruyter, Berlin, 2007), S. 1238, ISBN 978-3-11-017770-1

A.F. Holleman, E. Wiberg, N. Wiberg, *Lehrbuch der Anorganischen Chemie*, 102. Aufl. (De Gruyter, Berlin, 2007), S. 1239, ISBN 978-3-11-017770-1

A.F. Holleman, E. Wiberg, N. Wiberg, *Lehrbuch der Anorganischen Chemie*, 102. Aufl. (De Gruyter, Berlin, 2007), S. 1241, ISBN 978-3-11-017770-1

R. Holmes-Fairley, Aquarist Magazine and Blog, Aquarium Chemistry: Strontium and the Reef Aquarium Advancedaquarist.com. Zugegriffen: 12. Mai 2014

M. Hosenfeld et al., *26. Gmelins Handbuch der anorganischen Chemie. Beryllium*, 8. Aufl. (Verlag Chemie, Berlin, 1930)

D. Hülsenberg, *Beryllium, Römpp Online* (Georg Thieme, Stuttgart, zuletzt aktualisiert Juli 2009), Zugegriffen: 15. Juli 2014

H.W. Kirby, M.L. Salutsky, *The Radiochemistry of Radium*, (National Academy of Sciences, National Research Council) (Nuclear Science Series, U.S. Atomic Energy Commission, National Academies Press, Washington, DC 1964)

H. Kojima et al., Melting points of inorganic fluorides. Can. J. Chem. **46**(18), 2968–2971 (1968)

C. Korownyk et al., Does calcium supplementation increase risk of myocardial infarction? Can. Fam. Physician. **57**(7), 798 (2011)

R.E. Krebs, *The History and Use of Our Earth's Chemical Elements: A Reference Guide* (Greenwood Publishing Group, Santa Barbara, 2006), S. 78, ISBN 031333438-2

R. Kresse et al., *Barium and Barium Compounds, Ullmann's Encyclopedia of Industrial Chemistry*, 6. Aufl. (Thieme, Stuttgart, 2007)

S. Krieck et al., Stable „inverse" sandwich complex with unprecedented organocalcium(I): crystal structures of [(thf)2Mg(Br)-C6H2-2,4,6-Ph3] and [(thf)3Ca{µ-C6H3-1,3,5-Ph3} Ca(thf)3]. J. Am. Chem. Soc. **131**(8), 2977–2985 (2009)

B. Lambert, Radiation: Early warnings; Late Effects, in *Late Lessons from Early Warnings: The Precautionary Principle 1896–2000* (Hrsg. P. Harremoës, European Environmental Agency, Kopenhagen, 2001), S. 31–37

K.-H. Lautenschläger, W. Schröter, *Taschenbuch der Chemie – Karl-Heinz Lautenschläger, Werner Schröter* (Harri Deutsch, Frankfurt a. M., 2008), S. 883, ISBN 978381711761-1

J.M. Leger et al., High-pressure x-ray- and neutron-diffraction studies of BaF2: An example of a coordination number of 11 in AX2 compounds. Phys. Rev. B. Condens. Matter **B52**, 13247–13256 (1995)

F.Y. Li et al., Second messenger role for Mg2+ revealed by human T-cell immunodeficiency, Nature **475**(7357), 471–476 (2011)

D. R. Lide, *Abundance of Elements in the Earth's Crust and in the Sea, CRC Handbook of Chemistry and Physics*, 90. Aufl. (CRC Press/Taylor and Francis, Boca Raton), S. 14–17

F. Lippert, A.T. Hara, Strontium and caries: A long and complicated relationship. Caries Res. **47**(1), 34–49 (2013)

J.P. MacMillan et al., *Strontium and Strontium Compounds, Ullmann's Encyclopedia of Industrial Chemistry* (Wiley-VCH, Weinheim, 2005)

H.S. Martland, R.E. Humphries, Osteogenic sarcoma in dial painters using luminous paint. Arch. Pathol. **7**, 406–417 (1929)

E. Maushagen et al., Photoepilation mit dem Alexandrit-Laser. Dtsch. Dermatol. **7**, 458–462 (2002)

Metallium, Inc., Foto „Calcium" (Watertown, 2015)

P.J. Meunier et al., The effects of strontium ranelate on the risk of vertebral fracture in women with postmenopausal osteoporosis. N. Engl. J. Med. **35**, 459–468 (2004)

M.M. Miller, *Barite* (U.S. Geological Survey, Mineral Commodity Summaries, U.S. Department of the Interior, January 2008)

W. Morton, Poisoning by barium carbonate. Lancet **2**, 738–739 (1945)

E. Nürnberg, P. Surmann, *Hagers Handbuch der Pharmazeutischen Praxis Series*, Bd. 2, 5. Aufl. [Birkhäuser, Basel, 1991] (heute: De Gruyter, Berlin, 1991), S. 342, ISBN 3-540-52688-9

R.W. Ogden, *Non-Linear Elastic Deformations* (Dover Publications, Inc., Mineola, 1984)

H. Ost, *Lehrbuch der Technischen Chemie* (Verlag von Robert Oppenheim, Berlin, 1890), S. 369 ff

C.L. Parsons, *The Chemistry and Literature of Beryllium* (Chemical Publishing Company, Easton, 1909)

S.J. Pearton, *Processing of 'Wide Band Gap Semiconductors* (William Andrew Publishing, Norwich, 2001), S. 2, ISBN 0-81551439-5

D.L. Perry, *Handbook of Inorganic Compounds*, 2. Aufl. (CRC Press, Boca Raton, 2011), S. 64, ISBN 143981462

D.L. Perry, S.L. Phillips, *Handbook of inorganic compounds*, 1. Aufl. (CRC Press, Boca Raton, 1995), S. 62, ISBN 978-0-8493-8671-8

S. Pors Nielsen, The biological role of strontium. Bone **35**, 583–588 (2004)

R. Pott, *Allgemeine Geobotanik: Biogeosysteme und Biodiversität* (Springer, Heidelberg, 2005), S. 126, ISBN 978-3-540-23058-8

T. Prohaska et al., *Non-Destructive Determination of 87Sr/86Sr Isotope Ratios in Early Upper Paleolithic Human Teeth from the Mladeč Caves – Preliminary Results, Early Modern Humans at the Moravian Gate* (Springer, Wien, 2006), S. 505–514, ISBN 3-211-23588-4

R. Puchta, A brighter beryllium. Nat. Chem. **3**, 416 (2011)

O. Reckeweg et al., Rietveld refinement of the crystal structure of alpha-(Be_3N_2) and the experimental determination of optical band gaps for Mg_3N_2, Ca_3N_2 and $CaMg_2N_2$. Z. Naturforsch. B Chem. Sci. **58**, 159–162 (2003)

H. Renz, *Integrative Klinische Chemie und Laboratoriumsmedizin. Pathophysiologie, Pathobiochemie, Hämatologie* (Walter de Gruyter, Berlin, 2003), ISBN 3-11-017367-0

R.D. Rieke, Preparation of highly reactive metal powders and their use in organic and organometallic synthesis. Acc. Chem. Res. **10**(8), 301–306 (1977)

W.G. Robertson, R.W. Marshall, Calcium measurements in serum and plasma–total and ionized. CRC Crit. Rev. Clin. Lab. Sci. **11**(3), 271–304 (1979)

R.C. Ropp, *Encyclopedia of the Alkaline Earth Compounds* (Elsevier, Oxford, 2012), S. 140, ISBN 044459550-8

R.E. Rowland, *Radium in Humans-A Review of U. S. Studies* (Argonne National Laboratory, Argonne, 1994), S. 23–24

Y. Saheki et al., A convenient preparation of pure dialkylmagnesium from a Grignard reagent. Chem. Lett. **16**, 2299–2300 (1987)

Y. Sato, R. Jeanloz, Phase transition in SrO. J. Geophys. Res. **86**, 11773–11778 (1981)

C. Schmuck et al., *Chemie für Mediziner* (Pearson Studium, Hallbergmoos, 2008), ISBN 978-3-82737286-4

K. Schubert, Ein Modell für die Kristallstrukturen der chemischen Elemente, Acta Crystallogr. **B30**, 193–204 (1974)

L. Seijo et al., Ab initio model potential study of the equilibrium geometry of alkaline earth dihalides: MX2 (M = Mg, Ca, Sr, Ba; X = F, Cl, Br, I), J. Chem. Phys. **94**, 3762 (1991)

H. Sicius, *Radioaktive Elemente: Actinoide* (Essentials) (Springer Spektrum, Wiesbaden, 2015)

H. Sicius, Foto „Beryllium" (2015)

H. Sicius, Foto „Magnesium" (2015)

H. Sicius, Foto „Calcium" (2015)

H. Sicius, Foto „Strontium" (2015)

H. Sicius, Foto „Barium" (2015)

H. Sitzmann, *Calciumiodid, Römpp Online* (Thieme, Stuttgart, zuletzt aktualisiert Dezember 2006), abgerufen 24. August 2015

H. Sitzmann, *Barium, Römpp Online* (Thieme, Stuttgart, zuletzt aktualisiert Dezember 2007), abgerufen am 31. August 2015

H. Sitzmann, *Bariumfluorid, Römpp Online* (Thieme-Verlag, Stuttgart, zuletzt aktualisiert Januar 2014), abgerufen 31. August 2015

Y.-J. Su et al., An industrial worker hospitalized with paralysis after an aerosolized chemical exposure. Am. J. Kidney Dis. **56**(3), A38-A41 (2010)

R. Swaminathan, Magnesium metabolism and its disorders. Clin. Biochem. Rev. **24**(2), 47–66 (2003)

C. Uferer, T. Hückel, Ausgewählte Standardrezepturen im NRF, Pharmazeutische Zeitung 11/2000 (Govi-Verlag Pharmazeutischer Verlag, Eschborn, 2000)

R. Veness et al., *Development of Beryllium Vacuum Chamber Technology for the LHC* (Proceedings of IPAC 2011, San Sebastián, Spain, 2011)

C.H. Viol, Radium production. Science, **49**, 227–228 (1919)

M. Volkmer, *Basiswissen Kernenergie* (Informationskreis Kernenergie, Bonn, 1996), S. 30, ISBN 3-925986-09-X

K.A. Walsh, *Beryllium Chemistry and Processing* (Hrsg. E. E. Vidal et al., ASM International, Materials Park, 2009)

K.A. Walsh, *Beryllium Chemistry and Processing* (Hrsg. E. E. Vidal et al., ASM International, Materials Park, 2009), S. 121

C.M. Weaver et al., Choices for achieving adequate dietary calcium with a vegetarian diet. Am. J. Clin. Nutr. **70**(3), 543–548 (1999)

H.A. Wriedt, H. Okamoto, The Be-N (Beryllium-Nitrogen) system. J. Ph. Equilib. **8**, 136–139 (1987)

Q. Xiao et al., Dietary and supplemental calcium intake and cardiovascular disease mortality. The National Institutes of Health–AARP Diet and Health Study. J. Am. Med. Assoc. Intern Med. **173**(8), 639–646 (2013)

M. Zepper, Foto „Strontium" (2007)

T. Ziegenfuß, *Notfallmedizin*, 3. Aufl. (Springer Medizin, Heidelberg, 2005), S. 299–300